ダントツ経営

コマツが目指す「日本国籍グローバル企業」

坂根正弘［著］

日本経済新聞出版社

本当の知識は行動のなかにある

私の好きな言葉に「知行合一（ちこうごういつ）」があります。出典は、中国・明代の思想家である王陽明の『伝習録』という古典です。その意味するところは、「知ること」と「行うこと」は同じことで、両者に違いはない。行動や実践を通じてこそ真の知識が身につくし、逆にアタマに知識だけ蓄えても、それを行為や行動に活かさないのであれば、真に知っているとはいえない――そういう教えです。

この考え方は、私にとって非常に魅力的で、説得力があります。

私は工学部の学生だったのですが、大学ではあまり勉強しませんでした。そのせいもあって、1963年にコマツに入社すると、周囲の先輩や同輩がものすごく勉強家で、自分よりはるかにモノを知っているように思えたのです。そこで、遅れを取り戻すために猛勉強しなくてはいけないと思うのですが、単なる座学では身につきません。

ところが、何か現実に課題に直面し、それを何とかしようと思って勉強すると、メキメキ力がつくのが実感できます。ブルドーザーの設計者だったころ、お客様のところに出向いて、故障した建設機械のクレームに対応することがありましたが、これこそまさに「知行合一」でした。最後は、お客様のほうから、「機械が壊れたので坂根君を寄こしてくれ」と指名が入るまでになったのです。

経営も「知行合一」だと思います。単なる知識だけでは役に立ちません。実践して、うまくいかないときは臨機応変に軌道修正していく。そうした試行錯誤の繰り返しで、自分ならではのオリジナリティのある知識ができあがり、マネジメントの技も磨かれていくのだと思います。

かつて江戸幕府は、陽明学を危険思想に分類したといいます。「行動のなかにしか、本当の知識はない」という陽明学のメッセージが、幕府に敵対する政治行動の呼びかけになることを警戒したのでしょう。

しかし、いまの企業はその逆です。実践を伴わない評論家的な知識は、意味がありません。

この本では、私が長い歳月をかけて学び取った「経営の勘どころ」のようなものをまとめてみました。といっても、学術書のような体系立ったものではありません。これまでの自分自身の経験や観察に立脚しながら、私なりに導き出し、実践してきた経営の原則を書き連ねたものです。

大きな変貌を遂げつつある世界

ここで、この本の章立てについて、アウトラインを示しておきましょう。

序章では、世界の建設機械市場の近年の変貌ぶりについて、第1章では、なかでも成長著しい中国市場について書きました。

建設機械というのは、何ら華やかなところのない地味で武骨な存在ですが、そう見えて、実は「時代を先取りする先行指標」という側面があります。建設機械が売れる市場というのは、かつての高度成長時代の日本でもそうですが、必ずその後に飛躍的な経済成長を遂げるものです。

そうした建設機械ビジネスを手がけているコマツという企業の目から見て、いまの世界経済はどう映っているのか、あるいは、そのなかでチャンスをつかむために、私たちが主に中国でどんな取り組みをしているかについて取り上げました。

日本では、まだ多くの人が「中国はまだまだ遅れた国で、日本や欧米でできあがった技術や経営手法を持ち込めば事足りる」と考えているようですが、私の見方は正反対です。

たとえば、かつてのアメリカのビッグスリーは、「日本の自動車メーカーは遅れた存在であり、日本車の競争力が強いのは、利益を無視してシェアを追い求めたり、あるいは何か不公正なことをしたりしているから」という強い思い込みにとらわれていました。実際に日本車が強かったのは生産システムが優れていたからですが、その長所を素直に評価し、そこから学ぶことをしなかったこともあって、ビッグスリーは徐々に競争力を失い、最終的に3社のうち2社までが法的整理に追い込まれてしまいました。

私たち日本人はそんなビッグスリーの傲慢を笑いますが、今度は自分たちが、中国に対して、ビッグスリーのような「上から目線」になってはいないでしょうか。中国は遅れた国ではありません。現実の中国市場や中国における競争環境は変化やダイナミズムに富んでおり、そのなかから次々にイノベーションが生まれてくる熱気あふれる場所でもあります。

第1章では、そうした中国市場のおもしろさ、ユニークさ、あるいは怖さについて、実際に現地でビジネスしている経験を踏まえて論じてみました。

もはや右肩上がりは前提にできない

第2章と第3章では、21世紀になってからの10年間にコマツが直面した「2つの危機」について取り上げます。

ひとつは、私が新米社長として就任早々に向き合うことになった2001年度の巨額の赤字です。このときは、2000年に起こったITバブル崩壊と、2001年に起こったアメリカの同時テロによって世界全体で不況色が強まっていました。加えて、コマツ特有、ないしは日本特有の事情として、「失われた10年」と呼ばれる1990年代が終わり、「もはや右肩上がりを前提にできない」という認識がようやく日本社会に浸透しつつあった時代です。

企業についても、永続的な成長を前提に組み立てられてきた、これまでの経営のあり方に思い切ってメスを入れ、新たな強みを構築しなければ、21世紀の展望が開けない。そんなギリギリの場所にコマツという企業が追い詰められていたのが、このころです。社長としてそのとき私が何を考え、どんな原則に基づいて何を実行したのかが、第2章のメインテーマです。

それに次いで訪れた、もうひとつの危機は、2008年秋のリーマンショックに端を発する世界的な経済危機です。

その直前まで、日本市場を含めた世界経済は元気がよかった。いや、原油価格が1バレル140ドルに達するなど、むしろ元気がよすぎたぐらいでした。主要各国とも金融引き締めに入っていました。しかし、そうした過熱気味の経済は、アメリカ発の金融危機によって一瞬にして氷河期のような寒さになります。「需要が蒸発する」（消えてなくなってしまう）という言葉が生まれるくらい世界経済がおかしくなりました。

コマツも、国内の生産体制を増強した矢先にリーマンショックにぶち当たりました。当時の私は日本経済新聞の取材に、「予想もしないところに真っ暗闇のトンネルがあって、そこに加速しながら飛び込んでいった感じだ。出口の光は見えず、自分が走っている方向もわからない。それが多くの経営者の実感だろう」と話した覚えがあります。そのくらい唐突で急激な、100年に1回ともいわれる変化だったのです。

第3章は、このときの危機がテーマです。コマツや協力企業、部品メーカーがどんなチームワークで大規模な生産調整を行い、この危機を乗り切ったか、経営者として何を考えたか、について書きました。その後も続いている「円高」は、金融危機の後遺症ともいうべき現象で、いまなお私たちは、この第2の危機から完全に脱却できたとはいえませんが、現時点の結論として、危機から何を学んだか、そこから浮かび上がった教訓は何かをまとめてみようと思います。

実は、危機のさなか、日本中あるいは世界中が悲観論に傾くなかで、私はしばしば「足元は厳しいが、先行きは楽観できる」と述べてきました。私としては「悲観論からは何も生まれない」という持論をもとに発言していたのですが、一部には「坂根さんは能天気」だとする説も流れたといいます。しかし、結果として、世界経済は二番底を回避でき、緩やかながら回復してきています。悲観論一色のなかで、なぜ私が楽観的な見方を堅持できたのかについても触れたいと思います。

日本企業の強みと弱み

第4章は、「2つの危機」の話から時代をさかのぼり、1990年代前半ごろの経験を中心に書いています。テーマは、「日本企業の強みと弱み」です。

当時、私はアメリカの合弁会社に出向し、アメリカ人のCEO（最高経営責任者）をサポートするナンバー2の立場で工場閉鎖などリストラの先頭に立ちました。このとき、アメリカ企業を内部からつぶさに観察する機会を得たのです。これは、たいへん貴重な機会でした。

出向した合弁会社にはコマツが50％出資していましたが、人員の圧倒的多数は合弁相手のアメリカ企業の出身者で、仕事の進め方やモノの考え方は純粋のアメリカ企業とほとんど変わらない会社でした。そんな企業に飛び込んでいって仕事をしたことで、コマツしか知らない私には「目から鱗が落ちる」経験が多々ありました。

日本企業であれば当たり前で、どんな企業でも簡単にできるようなことが、アメリカ企業にはまったく実現困難な課題であること、あるいはその逆で、どう見てもアメリカ企業のやり方のほうが合理的で、日本企業がおかしな慣習にとらわれているところなど、多くの発見がありました。

このアメリカ駐在を通じて学んださまざまなことが、私の経営者としてのモノの見方の土台になり、座標軸を形成しているといっても過言ではありません。これも大事な「知行合一」の経験でした。

代を重ねるごとに強くなる会社に

そして、第5章と第6章のテーマは「強みを磨く」です。

世の中には非常に優れたカリスマ的な経営者がいて、その非凡な才能に引っ張られて企業が大きく発展している事例があります。

しかし、コマツはごくごく普通の日本企業です。生え抜きのサラリーマン社員のなかから経営トップが生まれ、数年すれば後輩にバトンを引き継いでいく経営です。ですから、「自分の任期だけうまくいけばいい」「派手なＭ＆Ａ（企業の合併・買収）を仕掛けて、スターＣＥＯとしてマスコミの脚光を浴びたい」などと考えるような経営者はいりません。

それぞれの経営者は、「自分の代に、どれだけコマツを強くできるか」を競い合わないといけません。自分がバトンを受けたときのコマツよりも、より強いコマツにして、後輩に経営のバトンを渡す。これがずっと継続されていけば、いつかエクセレント・カンパニーの仲間入りができるでしょう。

こんな問題意識から、商品開発のあり方やブランドマネジメントの取り組み、あるいは取締役会改革など、経営の広範な場面で、コマツをより強くするためにどんな取り組みをしているかをまとめてみました。

その一例が、「ダントツ・プロジェクト」と呼んでいる製品開発手法です。あらゆる項目で平均点より少し上の「こぢんまりとまとまってはいるが、迫力に欠ける製品」をつくるのではなく、ある重点分野で突出した性能（強み）を発揮する「ダントツ商品」を世に問いたい。そんな私の思いから生まれたプロジェクトです。

中国などで注目されている「ハイブリッド建機」も、この開発手法のなかから生まれました。

「何を捨てるか」がカギ

いささか私事にわたるのですが、私は若いころから、なぜか平均点主義になじめず、「ダントツ的発想」を実行してきたような気がします。中学時代は陸上の短距離の選手でしたが、あるとき100メートルではトップになれないと悟り、「絶対に50メートルではトップになってやろう」と目標を切り替えて努力しました。おかげで、学校対抗の400メートルリレーでは、常に1番走者でした。

高校時代、英語や国語が苦手で、文法などはチンプンカンプンだったのですが、数学は大好きで、授業で教わる以上のものを独学したりしました。あるとき参考書に載っている問題の別解を思いつき、それを編集部に伝えたところ、お礼の手紙をもらったこともあります。大学入試にも、英語と国語は捨てて、数学で高得点をとる作戦で臨みました。すべての学科で高いレベルでないと入学が難しいといわれるなかで志望校に現役で合格できたのですから、強みを磨くダントツ作戦はそれなりにうまくいったのでしょう。

とはいえ、企業経営については、「強みを伸ばす」だけでなく「弱みの改革」も必要です。特に第2章と第3章で取り上げたような危機の時代にあっては、内なる弱みを克服するために、過去からの負の遺産と正面から向き合い、それを摘出するような外科手術も必要でした。

しかし、危機ではない平時の局面では、自らの得意分野に磨きをかけ、その強みをよりいっそう伸ばしていくことが経営の優先課題だと思います。得意分野に打ち込み、個性に磨きをかけることでこそ、競争相手がそう簡単に真似できないその企業特有の強みが生まれます。ちなみに企業戦略論の第一人者、ハーバード大学のマイケル・ポーター教授も、「戦略の本質とは、何を捨てるかの決断である」と述べています。苦手分野はあっさりあきらめ、得意な数学に特化した私の受験戦略は、その意味でも正解だったのです。

リーダーシップが求められる時代

さて、いまの日本についても一言、言いたいと思います。

「失われた20年」ともいわれる日本の停滞ですが、なぜこんなことになってしまったのでしょうか。少子高齢化などさまざまな背景がありますが、私は「日本人の誰もが傍観者になってしまっている」ことが根本の理由に思われてなりません。日本の現状にある程度の危機感は持っているものの、明確な処方箋が示されないので、何をどうすればいいかわからず、呆然と事態を見守っている、という感じでしょうか。

なぜそうなったかといえば、これはやはり「リーダーシップの不在」「リーダーシップの貧困」に行き着くと思います。とりわけ、さまざまな議論を呼んだものの、大胆に方向性を明示した小泉純一郎内閣以降、日本の政治がリーダー不在の迷走を続けていることが痛手となっていると思います。

リーダーの役割は、政治でも企業経営でも、あるいはその他の組織でも同じです。明確なゴールを示して、構成員を同じ方向に向かわせ、全員の汗と知恵のベクトルを結集して新しいうねりをつくりあげていくことです。

そうした意味を込めて終章では、少し企業経営を離れて、日本という国のあり方についても考えてみました。

やや口はばったいのですが、コマツが数次の危機を乗り越え、グローバル企業に脱皮できたのも、リーダーシップの方向性がそれほど大きくは間違っていなかったからだろうと思います。私がコマツに入社して今年で48年になりますが、コマツのビジネスについて言えば、いま、一番自信を持っています。

この本は、実践経営論ですが、別の角度から見ればリーダー論ともいえます。これを読まれた読者の方が、それぞれの場所で優れたリーダーシップを発揮されるうえで、私の経験がお役に立てたらとの思いでまとめました。

２０１１年３月

坂根 正弘

ダントツ経営

目次

装丁——鈴木 堯＋佐々木 由美〔タウハウス〕

［序章］

世界市場の大転換

一足早く大転換にさらされた建設機械業界

世界経済はいま、大きな構造転換のさなかにあります。日米欧のいわゆる先進国が世界経済の主導権を握った時代から、中国やインドなどの新興国、あるいは中東などの資源国が大きく存在感を高め、世界の成長を引っ張る時代への転換です。

私たちコマツが属する建設機械業界も、この転換の影響を受けずにはいられません。というよりもむしろ、他の業界より一足早く、この大転換にさらされたのが私たちの業界です。

次のページのグラフをご覧ください。1990年代には、日米欧の3つの地域で、世界需要全体のほぼ8割を占めています。なかでも驚くべきことに、日本がバブル景気の頂点にあった1990年前後は、日本だけで、世界の建設機械需要の4割を占めていました。日本の人口は世界全体のわずか2%ほどですが、比率にしてその20倍にあたる大量の建設機械を使い、私たちはビルやダムや道路をつくってきたのです。

1980年代初めには日米欧以外の比率が3～4割を占めたこともありましたが、これは、1970年代の石油危機で資源高となったためです。特に中東や旧ソ連での需要が活発でした。しかし、そもそも政治的な要因で引き起こされたブームだったため、短期間で終了しました。

建設・鉱山機械の地域別需要構成比

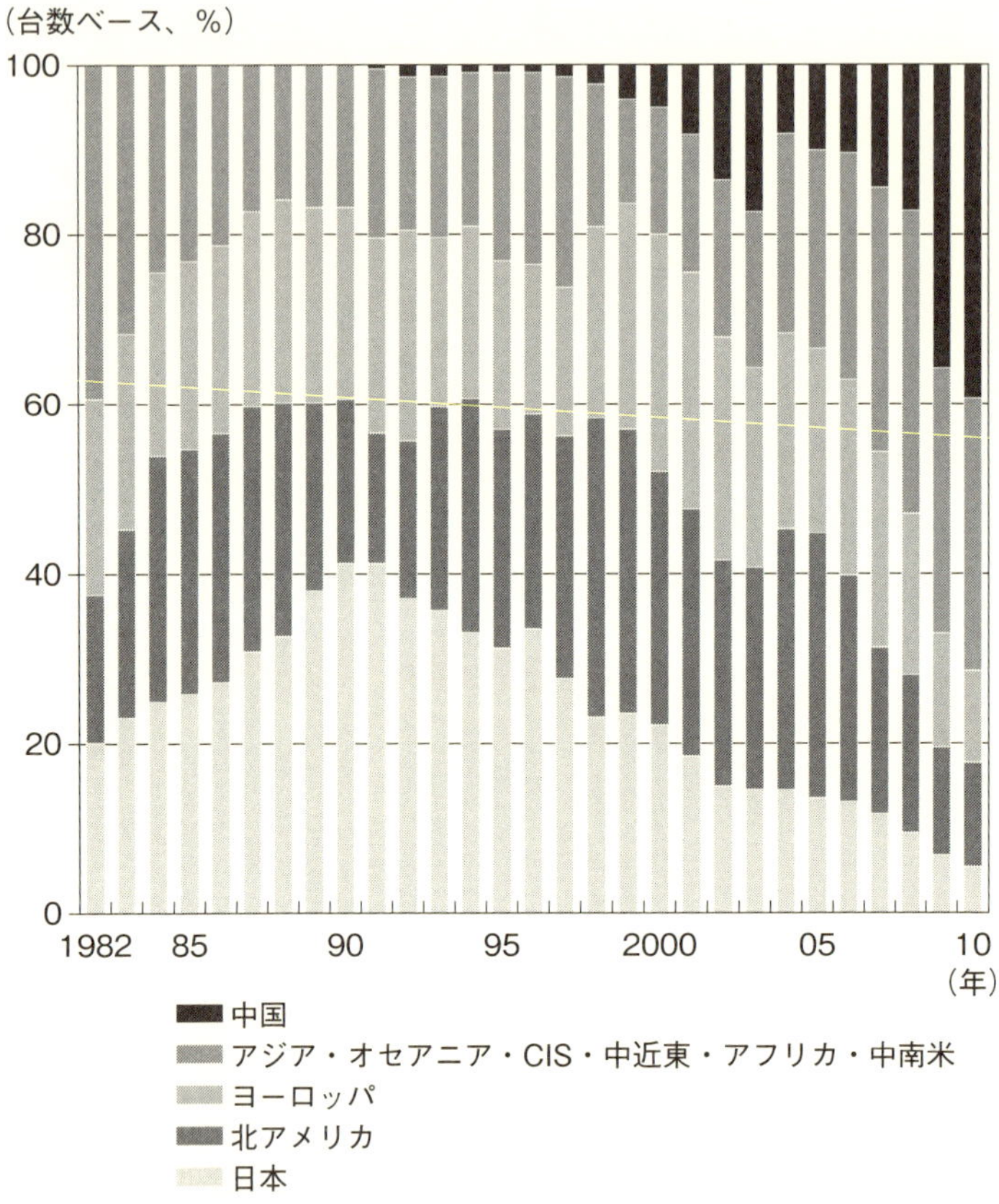

(注) 2010年は見通し。CISはソ連を形成していた旧共産圏諸国。
米国建設機械工業会(CIMA)などのデータをもとに試算。

そうした意味では、日本のバブルも一時的な現象です。しかし、20世紀の後半をひとつの大きなトレンドとしてとらえれば、「先進国市場が世界市場を牽引し、その他の市場の存在はまだ小さかった」ことが、グラフから読み取れると思います。

ところが、新世紀の到来とともにトレンドが変わりました。日米欧の比重が一貫して縮小し、それ以外の市場が伸びはじめたのです。

２００８年の金融危機がその傾向に拍車をかけたのはご承知のとおりです。生産面でも販売面でも、中国は、すでにアメリカを上回る世界一の建設機械大国になりました。また、１９９０年代は低迷を続けた資源価格も、２０００年ごろを境に上昇に転じます。新たに資源開発をするための鉱山機械の需要も、伸びはじめたのです。

世間では、主な新興4カ国の頭文字をとって「ＢＲＩＣｓ」と表記しますが、コマツの社内では「ＢＲＩＣＳ」と、最後のSも大文字で書きます。これは複数形を表す小文字のｓではなく、南アフリカ（South Africa）共和国の国名からとったものです。コマツにとって南アフリカは、ＢＲＩＣＳの他の国にも勝るとも劣らない重要な市場です。鉱物資源が豊富にあり、採掘のためにコマツ製の鉱山機械がたくさん使われています。

南アフリカでのコマツの売上高は、ロシアとほぼ同じ規模になっています。社長時代には、南アフリカと、それに隣接するボツワナのダイヤモンド鉱山やタンザニアの金鉱山、そしてロシアでも、サハリン北部のガスや石油のパイプラインの敷設現場を訪問しました。普通の乗用車ではとても行けないようなところです。硬いシートのジープやトラックに何時間も揺られて、ようやくたどり着くような場所にあります。コマツにとって建設機械市場は、日米欧の枠を超えて地球全体に広がってきており、社長自らが顧客や現場を訪問する機会も多いのです。

建設機械が売れると経済が大きく伸びる

さて、先ほども述べたとおり、建設機械は「経済全体の先行指標」です。経済が発展するには、インフラの整備や開発が必要です。そのためにまず、建設機械の需要が伸び、それに続いて経済全体が大きく飛躍します。日本の高度成長時代もそうでした。南アフリカでコマツの事業が活況を呈するということは、将来、南アフリカ経済が大きく成長する前触れにほかなりません。

市場がこれほど変貌したのですから、わが社の地域別売上構成も、過去10年でドラスティックに変化しました。2001年6月に私がコマツの社長になったとき、これからは「アジアを中心とした新興国の時代が来る」と社内外に宣言しましたが、現実の変化は、私の予想を大きく上回るものとなっています。

2000年ごろには日米欧市場の建設・鉱山機械の需要が全体の約8割を占めていましたが、

事業別の売上高構成（2009年度）

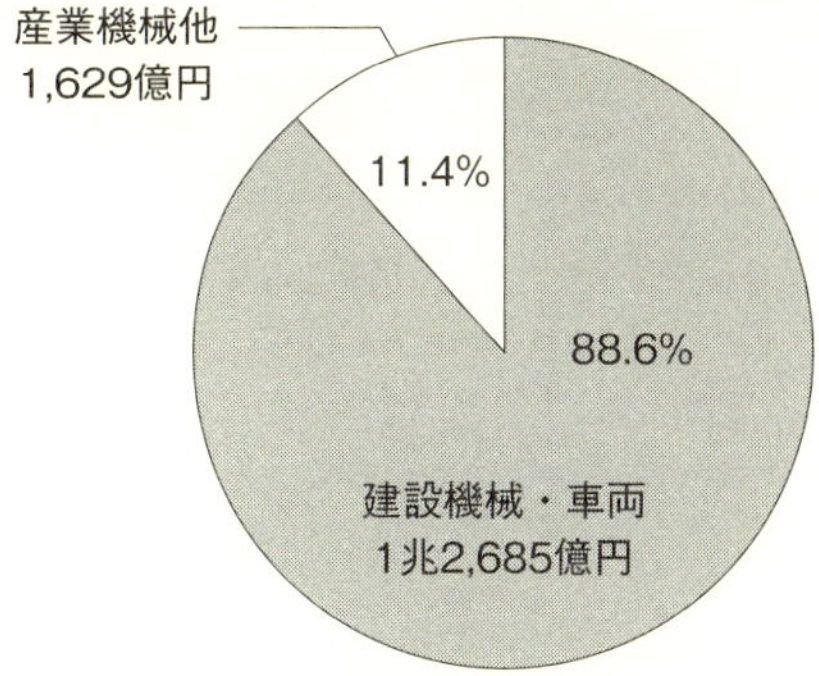

建設機械・車両部門の地域別売上高構成
1兆2,685億円（2009年度）

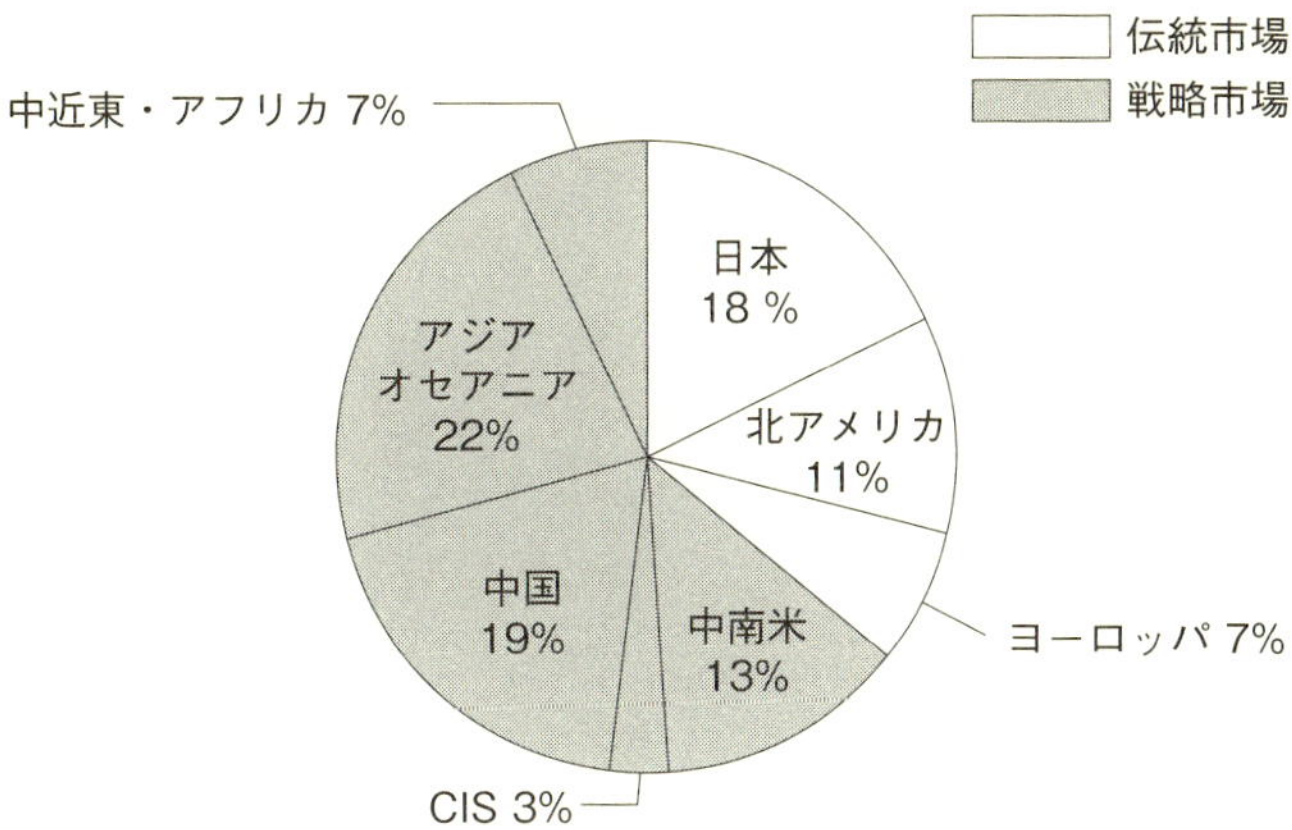

現時点では3割程度にまで縮んでしまいました。また、2010年度のコマツの日本国内での売り上げは、全体の15％程度にまで縮小する見通しです。

コマツ社内では、日米欧のことを「伝統市場」と呼んでいますが、主戦場はもはやこうした伝統市場ではありません。中国を筆頭とした新興市場であり、これらを「戦略市場」と呼んでいます。戦略市場での売り上げは7割近くまで達しています。

私が入社した1963年ころから、コマツにとって最大の目標はアメリカのキャタピラー社に追いつくことでしたが、市場が変化すれば新たな好敵手が現れるかもしれません。いまから10年後には、急成長する中国の新興メーカーが、最も手ごわい競争相手になっているかもしれない。そんなことを、ときどき思います。

危機感をテコに進めてきた品質改善

ここで、建設機械市場の概要について触れておきましょう。

建設機械とは、読んで字のごとく建設のために使う機械で、巨大なアーム（腕）のついた油圧ショベルや、トラクターの前面にブレード（排土板）を装着したブルドーザーなどがあります。

ちなみに、ブルドーザーが登場するまでは、ブル（牛）の力で整地していました。それが、新

油圧ショベル（PC200-8）は、アームの先端に取り付けたバケットで土を掘ったり、すくったりする。バケットの替わりに、ドリルやはさみなどを取り付けて作業を行うこともある。

ブルドーザー（D155AX-6）は、前面に装着されたブレード（排土板）で地面を掘削して、その土を押しながら運んだり、広い面を整地したりする。

たな機械の登場で牛のすることがなくなり、居眠り（ドーズ）するようになった。そこから「ブルドーザー」と命名されたということです。ブルドーザーの役割は皆さんもご承知のように、山を削って整地することです。建設機械は、都市開発のために整地したり、露天掘り鉱山で採掘を行うために巨大な穴を掘ったりと「日々、地球を相手にしている機械」ともいえるでしょう。

このような建設機械の市場には、長らく、ず抜けたグローバルリーダーがいました。それが、先ほども触れたアメリカのキャタピラー社です。コマツはずっとその背中を追いかけてきたといっても過言ではありません。

私が入社したのは、日本が資本自由化に踏み切ったころです。大型外資の進出第1号が、私の入社した翌年のキャタピラー社と三菱重工業の合弁でした。当時は「日本市場に乗り込んできた巨大なキャタピラー社が、圧倒的な力で、コマツをなぎ倒してしまうのではないか」という危機感が会社全体に充満していました。その危機感をテコに品質改善などを実現し、コマツは飛躍のきっかけをつかむのですが、「キャタピラー社といえば、仰ぎ見るような存在」といったイメージが長らく私たちの脳裏にありました。

その関係がやや変わってきたのが、1980年代前半です。当時は自動車や半導体など多くの分野で日本メーカーが攻勢をかけ、日米貿易摩擦が起こりました。実は、建設機械の分野でも「日本脅威論」「コマツ脅威論」が一部とりざたされていました。旧共産圏とも積極的に商談を進め、

１９８０年代初めの冷戦でアメリカの相手国だった旧ソ連から大型契約をとったこともあり、コマツへの風当たりはそれなりに強かったのです。

しかし、いまから振り返れば、自動車のビッグスリーとは異なり、キャタピラー社はたいへん理性的な対応をしてくれました。

三菱重工業と合弁を組むなど、日本での事業経験もあったので、生産や開発面における日本メーカーの実質的な強さがよくわかっていたのでしょうか。当時のキャタピラー社の会長は「異常な円安が唯一最大の問題」と主張し、ビッグスリーなどの唱えた「日本企業は自国市場を閉ざすなど、アンフェアなことをしている」といった主張には同調しませんでした。

日本から謙虚に学ぶ姿勢があったかどうかは、それから四半世紀が経ち、最後は法的整理に追い込まれたビッグスリーの一部企業と、いまなお健在のキャタピラー社との明暗を分けたと思います。付言すると、このキャタピラー社の主張が、１９８５年のプラザ合意につながり、その後の円高を引き起こしました。

日本の建設機械メーカーの強さ

近年のアジア市場の目覚ましい成長も、コマツとキャタピラー社との関係を変えました。

キャタピラー社は母国のアメリカ市場で圧倒的に強く、コマツも長年アメリカ市場に力を入れてきましたが、相手の牙城はそう簡単には崩せません。ところが、この章の初めに書いたように、近年はアメリカなど先進国市場の比重が低下し、その他の新興市場が急速に伸びています。なかでも、中国を含めたアジア市場の成長率の高さには目を見張るものがあります。

もともとアジアの一角の日本で生まれたコマツが、アジア市場に食い込んでいるのは当たり前です。コマツは、「アジアの成長」という追い風をキャタピラー社よりもたくさん受けることができます。

「日本企業で強い国際競争力がある」といえば、多くの人は自動車メーカーを思い浮かべるでしょう。事実、トヨタ自動車やホンダは世界で活躍し、地球規模のブランドに脱皮しました。これは、たいへんすばらしいことです。

しかし、私は、もしかしたら日本の建設機械は自動車以上に国際競争力が強いのではないかと考えています。数ある建設機械のなかでも、ブルドーザーに代わって、近年、主力機械の座を占めるのは油圧ショベルですが、コマツや日立建機、コベルコ建機、住友建機といった国内メーカーはもちろん、キャタピラー社も日本に油圧ショベルのR&D（研究開発）センターを設けています。このように、日本には有力メーカーの研究開発拠点が集中しており、油圧ショベル関連の技術のほとんどが日本で生まれているのです。

一部の産業では「ガラパゴス化」といわれる日本にあって、こうしたグローバルな技術的リーダーシップをいまでもしっかり握っている分野は数少ないのではないでしょうか。今後、中国メーカーの台頭などで競争環境が激しくなるのは間違いありませんが、こうした技術的リーダーシップの手綱はずっと持ち続けたいと強く思っています。

国内で売られている建設機械がいかに安いか

一方で、建設機械というのは、私が言うのも何ですが、あわれな存在でもあります。技術の粋を集めて開発・生産しているにもかかわらず、単価が非常に安いのです。

タイヤの直径が4メートルもある鉱山用のダンプトラック1台の販売価格は、4億円を超えるものもあります。そう聞くと一見、価格が高いと思うかもしれません。

しかし、最も普及しているモデルの建設機械では、車体重量1トンあたりの価格が約50万~70万円です。ということは、1キロあたり500~700円。これは、牛肉やマグロとは比べものにならないぐらいに安いのです。冬場に売りに来る焼き芋だって、もう少し高い値段がついています。私も焼き芋は大好きですが、「オレたちは焼き芋にも負けているんだ」と仲間内で冗談まじりに話すこともありました。

世界中の鉱山で使用されている電気駆動式の超大型ダンプトラック（960E）。最大積載量は327トン、車高は7メートルを超え、タイヤの直径は約4メートルに及ぶ。

このように、ただでさえ安い建設機械の値段ですが、日本の国内市場は国際相場よりも一段と安かった、という事情もあります。国内に多数のメーカーが集まっており、価格競争が熾烈だからです。バブル時代に比べて市場は大幅に縮小したにもかかわらず、プレーヤー（参入企業）の数は減っていません。そのため「実力のわりには収益力が低い」というのがコマツの長年の悩みでした。

これをどうやって克服したかは、以降の章でくわしく述べたいと思いますが、建設機械の価格を値上げして利益を立て直しただけではありません。いやむしろ、国内市場でトップシェアを持つ当社でさえ、そう簡単に値上げできないのが実態なのです。「日本の建設機械の市況は、国際的に見て割安」という傾向は、いまも変わっていません。

この結果、どんなことが起きているか、建設機械の中古市場の例を紹介しましょう。

ご存じない方も多いと思いますが、建設機械にも自動車と同様に中古市場があるのです。

過当競争が生み出した中古車人気

コマツには、コマツクイックという中古建設機械を扱う子会社があり、年に3回ほど、横浜や神戸などで中古建設機械のオークションを開催しています。コマツの代理店が下取りした中古建設機械を広大なヤードに一堂に集めて、中古車販売会社向けにオークション方式で転売するのです。

1990年代初めから細々と続けてきたこの事業に、あっと驚く異変が起こったのは、2001年ごろです。香港などから中古業者が大挙してやってきて、次々と高値で落札していくのです。いったい何が起こったのかと、こちらがあっけにとられるほどでした。

このころから、年に数回のオークションは、非常に国際色豊かなものに姿を変えました。外国からのバイヤーがどっと押し寄せるので、出展する中古品の概要（型式や使用年など）を書いた出品カタログを、日本語だけでなく中国語や英語でも用意するようになりました。

それにしても、なぜわざわざ日本まで中古建設機械を買いに来るのでしょうか。ひとつには、アジア市場の急成長によって建設機械の品不足状態が恒常化し、中古業者にとっては、どんな機械でも手元に持っておけばいずれ高値で売れる、という計算があるのだと思います。

それに加えて見逃せないのは、日本市場の特殊性です。過当競争体質の日本市場では、国際的な水準よりも安い価格で建設機械が売られています。そのため、世界中からバイヤーが集まるのです。

また、日本のユーザーは、こまめに点検したりするなど丁寧に機械を使うので、故障が少ないこともよく知られています。一部の機種ではありますが、国内で販売されている新車価格とほぼ同レベルの価格で買い取られるといったことも過去のオークションではありました。

いまではこうした事態も沈静化されつつありますが、それでもオークションは活況を呈しています。たとえば、2010年7月に横浜で実施したオークションには2日間で延べ366社550名が参加し、うち半数以上が外国人でした。中国や香港などのアジア各地だけでなく、アメリカやUAE（アラブ首長国連邦）、ロシアなど、遠隔地からの参加者もいます。

2010年秋には横浜で世界主要21カ国の首脳の集まるAPEC（アジア太平洋経済協力会議）の国際会議がありましたが、同じ横浜で開くコマツのオークションにも、30カ国を超える参加者が集まりました。「中古建設機械のAPEC」というと大げさかもしれませんが、ひとつのオークションにこれだけ世界中から人が集まるのは、世界の建設機械市場が急速に一体化、グローバル化しつつある証しだと思います。

大転換と格闘してきたコマツ

さて、こうしたグローバル化の波は、私たちの事業にどんな影響を及ぼすのでしょうか。

この章の冒頭で、日米欧の先進国市場の比重低下と中国などの新興市場の躍進について書きましたが、マクロ経済でも、世界のGDP（国内総生産）において日米欧のいわゆる先進国の占める割合が約6割、それ以外が約4割となっています（2009年）。近い将来、逆転することは明らかです。

建設機械市場では一足早く、しかも大々的な規模で逆転劇が起こっている。これが、建設機械は先行指標というゆえんです。ですから、これまでにコマツがこうした市場の大転換に直面し、それとどう格闘し、いまなおどんな模索を続けているかを述べることは、先行的な事例として、他の日本企業の方々にとっても参考になるかもしれません。

第1章

中国市場での挑戦

新興国のなかでも最大の存在であり、日本の隣にありながら複雑な歴史関係を持っている国、もともと建設機械を自力で生産できるだけの製造業の基盤があり、強力な地場メーカーを擁している国、そして、コマツにとって最大の機会であるとともにさまざまなリスクも心配される国、すなわち中国で、コマツがどんなことを行なってきたか、いまどんな問題に取り組んでいるかを中心にお話ししようと思います。

世界一の激戦区

中国市場が、独特の難しさを持ち、一筋縄ではいかない市場であることはいうまでもありません。多くの日本企業が、急成長する中国で思ったほどの成果をあげられていない、と伝えられています。そのなかでコマツの中国ビジネスは、かなり健闘しているのではないか、と自負しています。

建設機械の主役である油圧ショベル市場は、コマツを含めた外資メーカー10社に加えて中国現地メーカー14社が２０００年以降に参入しており、世界で最も激戦区の市場だといってもいいでしょう。コマツは外資メーカーのなかではトップクラスのシェアを確保し、中国現地メーカーを含めても健闘しています。

そうした中国でコマツは、青島（チンタオ）に近い山東（さんとう）省の済寧（さいねい）と、上海から近い江蘇（こうそ）省の常州（じょうしゅう）の２カ所に主力工場を持っています。

コマツの中国ビジネスの歴史は、次の３つの期間に分けられます。最初は、もっぱら完成品を輸出した時期で、１９５６年から78年までです。それ以降、79年から94年までは、現地メーカーに技術供与し、一部コマツブランドの製品を生産してもらう時代が続きました。そして95年、直接投資に踏み切り、済寧と常州に相次いで工場を開設したのです。

ちなみに中国では「コマツ」という名称はなかなか浸透せず、「小松」を中国語読みした「シャオスン」という呼び名が定着し、親しみを持ってもらっています。世界的に「ＫＯＭＡＴＳＵ」で統一したいのですが、こればかりは思うようにいきません。中国では、同じ漢字を使いながら、私の名前も「サカネ」ではなく「バンケン」と呼ばれますし、逆に日本では、中国の方の名前を日本語読みします。つくづく日本と中国は似て非なる国だと思います。

現地の人たちに任せる

では、なぜコマツが中国で成果をあげられたのでしょうか。さまざまな要因がありますが、まずは販売面の取り組みからお話しししたいと思います。

建設機械というのは、「売れば、それでおしまい」という売り切り型の商品とは異なり、買っていただいた後も常に部品の交換や修理が必要で、ずっとお客様との付き合いが続く商品です。それだけに、強力な販売・サービスのネットワークを整備し、しっかりとした製品サポートをすることが、継続的なビジネスをする前提条件になります。

コマツが本気で中国で販売網を整えようと考えたのは、直接投資をして現地生産に踏み切った1995年ごろですが、当時の中国には「ビジネスに必要なものが、そもそも存在していない」ということがよくありました。そのひとつが販売網です。すでにあるネットワークを買収することもできず、一から自前で構築しなければなりませんでした。

このときは大いに悩みました。31ある省市にひとつずつ代理店を置くことにしたのですが、どんな人を代理店に採用すればいいいか。「新聞で公募したらどうか」といった案も飛び出しました。そうして悩んだ末に選択したのは、資金力はなくても、意欲と能力のある現地の人たちに任せてみようということです。

これは、ある競合会社とは180度異なる方針でした。その会社は、東南アジアなどですでに付き合いのある華僑系の資本を中国に連れてきて彼らを総代理店にし、大きなテリトリーを与えるやり方で販売網を築きました。

しかし、コマツは、一から現地の人に販売網づくりを委ねました。彼らは元国営の建設機械メーカーに勤めたりしていたので、商習慣や顧客情報、商品についてはそれなりの知識や経験がありましたが、とにかくおカネがありません。代理店は、製品在庫を持つために一定の運転資金が必要なのですが、もともとの資本がないのでコマツが全部負担することになりました。

しかし、いま振り返ると「現地の人に任せる」という方針は正しかったと思います。現地に密着した人が代理店を経営することで、その土地その土地の情報が集まってきます。「次に、ここでダム建設が始まる」という情報があれば、その地域で建設機械の需要が盛り上がります。

ちなみに中国では、建設機械の買い手の9割が個人です。日本でも高度成長期には、トラックを個人で買って輸送の請負で稼ぐ「トラック野郎」といわれた人たちがたくさんいましたが、中国には「ブルドーザー野郎」や「油圧ショベル野郎」がたくさんいます。

自分で買った建設機械を自ら操作して、建設現場や工事現場で働き、成功しようと夢見る人たちです。こうした個人のお客様の動向をキャッチし、彼らのハートをつかむには、現地の事情に精通し、経済感覚が肌身でわかる人材が欠かせません。

コマツのやり方をどう理解してもらうか

代理店の人たちも、私たちの期待に応えてくれました。たとえば、こんな話を聞いたことがあります。

2008年のことですが、ロシアで新たにコマツの代理店に採用したロシア人社長を中国に連れていく機会がありました。そのとき、河北省の省都、石家荘という都市にあるコマツの代理店の中国人経営者がこんな話をしたそうです。

「私がコマツ製品を売りはじめて12年が経ったが、最初の6年間はいろいろ悩みがあった。そのころ私は、代理店は『ハンター』（狩猟者）だと思っていた。とにかく腕を磨いて、『獲物』（お客）のいそうなところへ出向いて、それを仕留める。そんな感覚で仕事をやってきた。

しかし、7年目ぐらいから『これは違うな』と思うようになった。そのころから、代理店は『ファーマー』（農家）だと考えるようになった。過去のお客さんにも情報を提供したり、よいサービスを提供したりすることで、定期的に『収穫』（買い替え需要）が得られる。地道な取り組みでコマツや代理店の評判が上がれば、新たな顧客も自然に獲得できるようになる。それがわかって、いまの商売でずっとやっていけるという自信が生まれた」

この代理店の社長の言葉を聞いて、私も感激しました。まさに「コマツウェイ」（後ほど第6章で紹介するコマツの経営の基本）を共有してくれています。逆にいえば、そうなるためには、一定の時間が必要だといえるでしょう。目的や意識、方法論を共有して、ベクトルが一致した販売・サービス網を築くのは、一朝一夕ではできません。こうした代理店との信頼関係は、競争相手が真似をしようとしても、簡単に真似できない経営資源です。経営戦略論でいう「模倣困難な競争優位性」にあたると思います。

とはいえ、やることは、まだまだたくさんあります。とにかく、中国市場の成長ペースは非常に速いので、こちらもそれに後れをとらないように、体制を拡大・強化していかなければなりません。たとえば、サービスの強化には、故障の修理や補修部品の交換に携わるサービス技術者が必要ですが、そうしたサービス技術者を中国全体で毎年400〜500人ほど新たに養成する必要があります。稼働するコマツの建設機械が増えるにつれ、サービス需要も増大しているからです。

しかし、個々の代理店でバラバラに教育するのは手間がかかるし、そもそも代理店にはそれを教えるノウハウもありません。そこで、済寧工場の近くにある山東交通学院という大学と提携して、サービス技術者を養成するための6カ月のカリキュラムをつくりました。費用はコマツと代理店でほぼ折半し、各地の代理店がサービス技術者の卵を山東省に送り込んできます。中国の教育機関はとても柔軟で、企業の要望にも積極的に応えてくれるので、私たちとしても大いに感謝しています。

中国で生まれた「流通在庫ゼロ」の仕組み

さて、先に「中国は一筋縄ではいかない」と書きました。これはどういう意味かというと、「日本で成功したから」「アメリカでうまくいったから」という理由で製品や技術、経営手法を持ち込んでも、それが中国でも通用するとは限らない、ということです。「郷に入っては郷に従え」の諺（ことわざ）ではありませんが、中国には中国流が厳然と存在しており、現地で工夫を積み重ねることでしか見えてこないものがあるのです。

いま欧米では、「フルーガル・イノベーション」という言葉が注目されているそうです。直訳すれば「カネをかけないイノベーション」「吝嗇（りんしょく）なイノベーション」といったところでしょうか。インドのタタ・モーターズが開発した「低価格カー」が話題になりましたが、購買力がまだまだ低い新興国で、同じ性能のモノを、品質を落とさず安くつくる、といった類のイノベーションのことです。

しかし、コマツの場合は、このフルーガル・イノベーションとは少し違います。コマツの建設機械の価格は日本よりも中国のほうが高い、というのが実態だからです。それだけ日本市場は過当競争に陥っているということですが、コマツでは、中国ならではのイノベーションを建設機械の流通で実現しました。それは、日本でもアメリカでもできなかった「流通在庫ゼロ」の体制です。

代理店が自前の在庫、すなわち流通在庫を持てば、それだけ運転資金が膨らみ、収益を圧迫します。一方、メーカーにとっても、直接コントロールできない流通在庫はやっかいな存在です。代理店が在庫を抱えすぎていれば、末端で値崩れを起こす原因になります。こんな「無駄のかたまり」である流通在庫がゼロになるなら、それに越したことはないのです。

「在庫ゼロ」といっても、代理店のヤードに実際の機械を置かないわけではありません。中国で建設機械を買う人は、必ず一度は試乗して、そのうえで「これを買う」と決めるのが普通だそうです。実機なしの商売はそもそも成り立ちません。

しかし、代理店のヤードに置かれる実機が、その店の所有物である必要はありません。コマツが所有する機械を代理店の軒先に並べて、お客様に見てもらったり、試乗してもらったりする。代理店にとっては、建設機械をメーカーから買い取る必要がなく、販売業務に徹すればいい、という仕組みです。

実は、中国ではこの取り組みが非常にうまくいっており、いま「流通在庫」は存在していません。完成品の在庫はすべてコマツの所有物で、無駄のない効率的な販売体制ができあがっています。

なぜ、中国で、このような効率的な販売体制が実現できたのでしょうか。ひとつは、中国事業の歴史が浅く、メーカーも代理店も白紙に絵を描くことができ、新たな挑戦に踏み出しやすかったことが挙げられます。前述したように、中国の代理店候補者に大量の在庫を抱えるだけの資金力がなかったことも、結果的に幸いしました。

もうひとつは、やはり「21世紀技術の威力」と呼べると思うのですが、流通を管理するためのＩＣＴ（情報通信技術）システムを「在庫ゼロ」を念頭に置いて設計したことです。代理店のＩＣＴシステムとコマツのそれを一体のものとして初めから設計し、販売の前線の動向をコマツ側でも瞬時に把握できるようにしたのです。それによって、たとえば「30トン級の大型油圧ショベル市場の動きがいい」ということがわかれば、すぐさま工場で増産対応し、流通在庫なしでも極力「欠品」や「売り逃し」を防ぐ仕組みをつくりあげました。

中国発の仕組みを先進国市場へ

さらに私にとっても興味深いのは、中国で生まれた「流通在庫ゼロ」の仕組みを、いまアメリカなど世界の他の地域にも広げようとしていることです。

これは、何を意味しているのでしょうか。「中国は遅れているので、外部から先端的な手法や技術を持ち込む」という考え方が、急速に時代遅れになりつつあることを意味しているのではないでしょうか。

10年前なら、そのような考え方でも通用したでしょう。たとえば、こんな例があります。日米欧の建設機械の主役といえば油圧ショベルでしたが、当時の中国は油圧技術に出遅れ、油圧ショベルという機械そのものがほとんど存在しませんでした。そうした市場に、コマツやキャタピラー社などの外資が油圧ショベルを持ち込んだので、油圧ショベル市場は、しばらくのあいだ、外資の独壇場だったのです。

ところが、いまは違います。エンジンや油圧機器といったキーコンポーネントは日本などから購入していますが、中国の現地メーカーも油圧ショベルを立派につくれるようになりました。品質面や耐久性能面ではまだかなり差がありますが、それなりの製品ができています。

これはほんの一例ですが、いまの中国で、全面的に外資に頼らざるをえないものは急速に少なくなっています。それは油圧ショベルのような技術しかり、経営手法しかり、人材しかりです。

私たち日本メーカーも、いつまでも「中国の先生」でいるわけにはいきません。むしろ中国のような巨大で成長性が高く、激烈な競争が起きている市場は、さまざまな新しいアイデアが日々生まれて現実に試される実験場でもあるのです。そのなかから出てきたひとつの成功例が、「流通在庫ゼロ」というイノベーションです。いずれは、日本や欧米の代理店が、先端的な中国の仕組みを学びに研修旅行に行く日がやってくるかもしれません。

ちなみに、「流通在庫ゼロ」の仕組みをつくったことで、自分たちが持っている在庫を正確に把握できるようになりました。この結果、生産・販売・在庫のマネジメントレベルは格段に向上しました。

コムトラックスで市場を「見える化」する

もうひとつ、コマツが中国でうまくいった理由として、市場の「見える化」に成功したことも大きかったと思います。

コマツの建設機械には、「コムトラックス」と呼ぶシステムが標準装備されています。このシステムにはGPS（全地球測位システム）機能があるほか、エンジンコントローラーやポンプコントローラーなどから集めた情報を通信機能を使ってコマツのデータセンターに送ってくる仕組みになっています。コムトラックスを装備することで、建設機械をお客様に納品した後も、それがいまどこにあり、何時間ぐらい稼働しているか、燃料の残りはどのくらいかといった情報を、お客様や代理店と共有することができるようになります。

コムトラックスを開発した経緯や活用法については、改めて本書の後半で取り上げますが、ここでは、このシステムが中国でどんな威力を発揮してきたかについて触れたいと思います。

外部の人からよく言われるのは、コムトラックスが「債権を確保するための強力なツール」になっているということです。

中国では、建設機械を現金でポンと買える人はまだまだ少なく、ローン販売が主力です。また、支払いが遅れる人がいるのは、どこの国も同じです。実態は日本で思われているほどではなく、かつての日本がそうだったように、信用社会が確立するまでの過渡的な現象です。大部分の中国人ユーザーはコツコツと返済してくれますが、なかには「仕事がまったくないので返済を猶予してほしい」と言ってくる人もいます。

そんなとき、「本当に仕事がなくて、機械が休車しているかどうか」は、コムトラックスを参照するとたちどころにわかります。個別の建設機械の稼働状況がパソコン画面に表示されるので

コムトラックスの仕組み

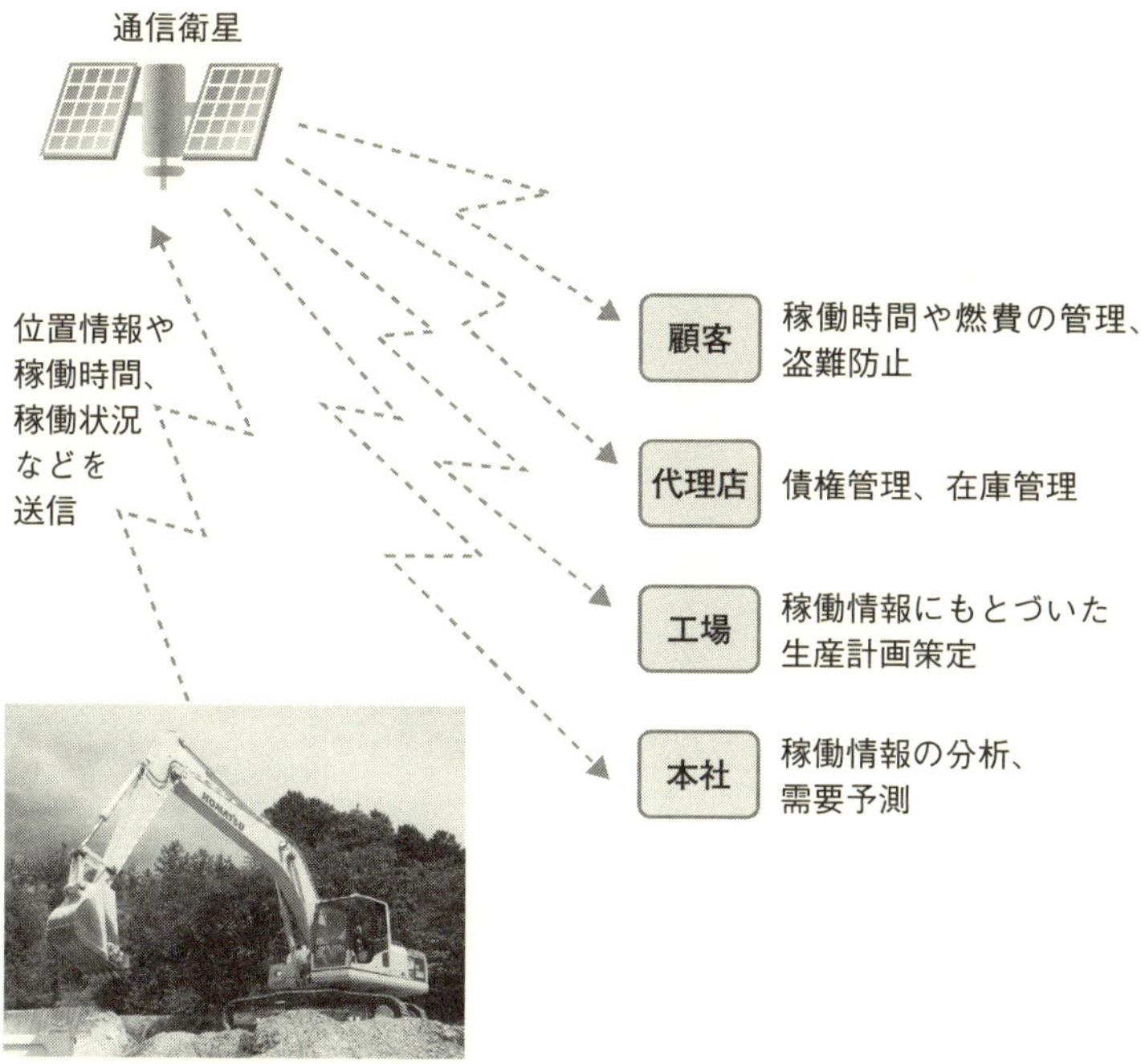

建設機械に取り付けた機器から、車両の位置や稼働時間、稼働状況などの情報を送信。本社や工場、代理店、顧客は、通信衛星経由で送られてくる稼働情報をもとにオペレーションを行う。

す。「こんなに機械が動いているのだから、出来高もあがっているはずだ」と言えば、相手も反論できません。

仮に、それでも支払いが滞るようなら、コムトラックス経由で代理店が、その機械のエンジンをかからなくしてしまうこともできます。もちろん、これは、お客様と代理店との売買契約できちんと明記され、双方が納得したうえで、さらには度重なる警告を発した後でのことです。しかし、いまの中国のようにどこにでも仕事があるという環境では、お客様にとって、機械を止められて稼げなくなるのは最悪の事態です。

さすがに、ここまで来ると（大部分はここまで来る前に）ローンの返済に応じてくれるようになります。中国市場の販売金融で、コマツの貸し倒れ率は非常に低いのですが、その理由のひとつにコムトラックス効果が挙げられるでしょう。お客様と代理店とが互いに「見える化」をしているからだと思います。

機械の稼働状況から先行きを予測する

コムトラックスの利点は、これだけではありません。むしろ最大のメリットは、中国全土に分布する数万台のコマツの建設機械の稼働状況をリアルタイムで集めることで、市場がどちらの方向に向かっているかが手にとるようにわかることです。巨大で多様な中国建設機械市場そのものを「見える化」できた、といってもいいかもしれません。

一番助かったのは、2004年春の中国政府による経済引き締めです。このときのショックは日本ではあまり認識されていませんが、中国の建設機械市場に及ぼした影響で考えると、2008年のリーマンショック後の落ち込みよりもはるかに深刻な調整でした。

当時は、日米欧ともに景気回復中で、中国も輸出が好調だったことから、国内のバブルを心配した中国政府は引き締め策をとることを決意し、全国約1万カ所で進行していた工業団地開発のプロジェクトのうち約6000の計画に対して強制的にストップをかけたのです。日本でもバブルのピーク時に、地価高騰の火に油を注ぐとして旧国鉄保有地の再開発に待ったがかかったことがありましたが、それを中国全土でより大々的な規模で再現したようなものです。

工業団地の造成には、多くの建設機械が使われます。そのため、工事が止まれば、機械も無用の長物となってしまいます。コムトラックスの画面で見ると、それまでほとんどなかった不稼働の機械が、あるとき目立って増えはじめ、あっという間に中国全土の大部分の建設機械が動いていない、という異常事態になりました。

この調整自体は一メーカーとしてどうしようもない事態でしたが、コムトラックスのおかげで、ライバルメーカーよりもかなり早く、深刻な事態が来たことを察知することができました。このときは、中国の工場を3カ月間ストップしました。早い時期に工場を止めることができたおかげで、浅い傷で済みました。もしも市場の急変に気づかず、ダラダラと生産を続けていたら、在庫の山が築かれていたでしょう。そうなると安売りせざるをえなくなり、その後、混乱を起こしていたかもしれません。

この逆のこともありました。2004年の調整後、中国の建設機械市場はリーマンショック後のわずかな期間を除いて、一貫して右肩上がりで成長してきました。これに対して「いずれバブルは崩壊する」といった懐疑論、弱気論がずっとつきまとっていたのです。

しかしコマツは、そうした懐疑論とは一線を画し、市場の先行きについて基本的には楽観的な見方をとってきました。その根拠も、やはりコムトラックスの画面にあります。バブルで仮の需要が積み上がっているなら、稼働していない建設機械が増えるはずです。実際には、地域的なバラツキはあるものの、2004年の大調整以降、全体的に建設機械の稼働状況は堅調で、悲観論を支持するデータや兆候は見出せませんでした。

とはいえ、コムトラックスのようなICTシステムでも、さすがに「未来」は予測できません。2010年の春先には、ある特定機種の需要が予測よりも上ぶれし、現地工場や協力工場の生産が間に合わず、日本の大阪工場から中国に緊急輸出する事態になりました。しかし、コムトラックスのおかげで、広大な中国市場でいま何が起こっているかを、地域ごと、機種ごとに時々刻々と精緻に把握できるのは、コマツにとって大きな強みだと考えています。

工場移転に伴う、市からの提案

次に、中国での生産について述べましょう。コマツは山東省と江蘇省に主力工場を持っていますが、両工場の課題は、市場拡大のペースに負けずに、いかに速やかに生産台数を引き上げるか、ということです。

江蘇省の工場は、常州という都市にあります。上海と南京を結ぶライン上に位置し、中国が誇る最新新幹線に乗ると上海から常州まで40分で到着します。南京駅からひとつ手前にある主要駅が、常州駅です。

実はこの常州工場は、2011年初めに、新たに建てた工場へ引っ越したばかりです。もともとの工場は1995年に建設しました。そのころは「田んぼのなかに、ぽつんと工場がある」という感じだったのですが、その後は市街地が拡大し、いまでは周囲にかなりの高層ビルが立ち並んでいます。

新工場に引っ越す際のいきさつは、いかにも中国らしい話なのですが、3年前に突然、常州市当局がやってきて、「この工場の周辺は住宅地で、工場立地として適切ではないので、ほかへ移ってくれないか」と申し入れがあったのです。われわれは、まさに「仰天」しました。しかし、ここからが、まさに中国の真骨頂。常州市当局から「郊外に新たに土地を用意するので、そちらに移転してくれないか」と言ってきたのです。

市が出してきた条件は思い切ったものでした。それは、①現工場の2倍以上の広大な敷地を用意し、それを現工場の敷地と等価交換する、②引っ越しに要する費用はすべて持つ、というものです。私たちにとっては今後も一段の増産が必要となるので、より広い場所に移れるのは渡りに船です。

また、新工場は大きな工業団地の一角に位置します。隣接する敷地に、協力企業も工場をつくることになり、一段と密な連携がとれるようになることも期待できます。さらには、テクノセンター、研修センターなどの施設も、隣接地に建設されることになりました。私たちが市の提案を快諾したことはいうまでもありません（コマツが工場に付随してさまざまな施設をつくることは、地元や当局にとって想定どおりの反応だったのかもしれません）。

やや脱線するかもしれませんが、こうした常州市の姿勢のなかに、中国経済の活性化の秘密が隠されているように思えてなりません。それぞれの省や市は、地域経済を活性化するために企業誘致に取り組み、ときには自らの判断で思い切ったインセンティブを企業に供与する。それによって企業の投資が活発になり、新たな工場や拠点の誕生で雇用が拡大する。そして地域経済が活性化すれば、地方政府の財政基盤が強固になり、また一段と思い切った経済政策が打てるようになる。こんな好循環の歯車です。

ちなみに、こうした地方当局の施策の自由度は、日本とは比べものになりません。日本でも多くの県知事さんや市長さんが「企業に投資してほしい。工場をつくって雇用を増やしてほしい」と切望しています。しかし、そのために彼らが独自の判断で実行できることは非常に限られているのが実態です。地方ごとに切磋琢磨して経済活性化策を打ち出す中国に対し、日本では、地方が創意工夫できる余地は大きくありません。日本経済を甦らせるには、地方の創意工夫を活かせる「地方主権」の実現が不可欠だと思います。

部品メーカーとともに成長

さて、中国でのコマツの生産活動ですが、現時点では、「Aコンポ」と呼んでいる基幹部品を日本から輸入し、それ以外の部品を現地で調達しています。現地調達率は、金額ベースで60％程度でしょうか。Aコンポには、エンジンや油圧機器、アクスル、トランスミッションなどが含まれます。こうした部品は、要求される技術レベルが高く、将来の差別化のポテンシャルが大きいため、日本で生産しています。また、日本で全世界向けに一括生産することで、コストを低減できるという利点もあります。

一方で、中国での部品メーカーの育成にも力を入れています。建設機械には油圧ショベルのアーム（腕）のような巨大な板金部品が必要ですが、そうした大物部品は、ほぼ例外なく現地で調達しています。そのため、これらの増産には、それに見合う投資も必要です。

ちなみにコマツは、2010年に中国で約3万台を生産しました。これは、2009年に中国で生産した1万7000台のほぼ2倍にあたる規模で、1万3000台の増産です。こうした急激な成長を無理なく実現するには、コマツだけでなく、協力企業の実力アップが不可欠です。コマツには、日本国内に「みどり会」という協力企業の組織がありますが、近く中国版「みどり会」をつくるつもりです。品質管理や工場の運営についてノウハウを共有し、協力企業全体のレベルを底上げするのが目的です。

同時に、日本の「みどり会」のメンバーにも、中国での現地生産を要請しています。中国での増産ペースは、私たちがこれまでに経験したことがないほど急ピッチです。先に「2010年は2009年に比べて1万3000台の増産」と書きましたが、コマツの全世界の増産台数3万3000台の4割を占めるわけですから、いかにすさまじいかがわかると思います。

これだけの増産を円滑に実行するには、Aコンポ以外の主要部品についてダブルソーシング（調達先の二重化）が必要だと考えています。これまでコマツについてきてくれた中国の部品メーカーを大切にすると同時に、日本での付き合いの長い「みどり会」メンバーも中国に出てきてもらって、急成長する中国市場のフォローの風を帆いっぱいに受けてほしい。両者がともに成長できるだけのキャパシティが、中国市場にはあると考えています。

稼働時間は日本の3倍

一方で、私たちメーカーにとって、こうした急成長市場で最も気を引き締めなければならないのは品質問題です。増産を急ぐあまり、機械の品質にほころびが出ては元も子もありません。とりわけ「品質第一」を標榜するコマツにとって、それは致命傷です。

そこで、北京、上海、広州、成都(せいと)、瀋陽、西安(せいあん)の6都市に品質をチェックする専任の日本人社員を置きました。代理店経由の情報だけに頼るのではなく、コマツユーザーの生の声や苦情を拾い上げ、「問題がありそうだ」と感じたら、それをすぐさま工場や部品会社にフィードバックするのが、彼らの役目です。

というのも、実は中国市場というのは、建設機械にとって非常に過酷な場所なのです。日本では建設機械の稼働時間が年間1000時間に満たず、1日あたりに換算すると平均3時間弱といわれています。工事の規模が小さいことに加え、労働法規や騒音などといったさまざまな規制があり、建設機械を動かせる時間が限られているからです。ところが、中国では稼働時間が年間3000時間、日本の3倍に達しています。前に述べたように、中国の建設機械は個人オーナーが持っている場合が多く、彼らは自らが投資した機械を少しでも多く動かして、早く元をとろうとするからです。

3年前に日本で初めて「ハイブリッド建機」を市販しました。ハイブリッド建機は燃費のいい分、価格も高いのですが、これからは中国のほうが多く売れるのではないかと見ています。稼働時間が3倍もある中国では燃料代がかさみますから、オーナーにとっては、少々価格が高くてもハイブリッド建機のほうが儲かるのです。コマツ製品が中国で高く評価されているのは、こうした最先端の商品提供と耐久性、いざというときのサポート体制で大きな信頼を得ているからにほかなりません。

「コマツの機械は少々高くても壊れないので、結果的にお得ですよ」。中国の代理店が迷っている客にささやく殺し文句が、このセリフだそうです。こうした信頼を壊すわけにはいきません。質(品質)の維持向上と量の拡大を両立すること。これこそが、コマツにとっての大きな課題です。

経営の舵取りも現地に任せる

もうひとつ、工場運営面での難問は、労務にかかわる問題です。2010年の夏場には日系メーカーを含む多くの中国の工場でストライキが発生し、大幅な賃上げに追い込まれたところもありました。メディアのなかには、「中国が世界の工場でなくなる」と書いたところもあります。

しかし、私はそうは思いません。中国市場がこれほど急成長するなかで、「中国で生産しない」という選択肢はどのメーカーにとってもありえないのではないでしょうか。むしろ、労務問題に細心の注意を払うことで、工場をスムーズに動かすことが大切です。

実は常州工場では、2010年の年初にかなり大幅なベースアップに踏み切りました。社員のあいだに不満が徐々に高まっていたことがわかったからです。常州に工場をつくった当初、コマツの工場は近隣で唯一の外資系の工場でした。待遇もよく、「コマツに勤めている」と言うと近所でも鼻が高かったそうです。

ところが、年を経るにつれて、常州にも多数の外資メーカーが進出し、賃金相場も急激に上がってきました。一方でコマツの工場は近年に至るまで必ずしも収益が好調とはいえなかった事情もあり、賃金も抑え気味でした。そのなかで、以前では考えられないことですが、待遇面の理由で近隣の工場に転職したりする事例も増えてきたのです。

こうした状況を改め、コマツを再び地域トップクラスの雇用主にしようというのが、２０１０年の賃上げでした。仮にこれを実施していなかったらどうなったか。コマツの工場で深刻な労働争議が起こっていたとは思いませんが、従業員の士気に支障が出ていたかもしれません。現地幹部はいいタイミングで賃上げに踏み切ってくれたものだと思います。中国で働く人たちの士気をどうやって維持向上するかは、工場に限らず大きな課題です。

ちなみにコマツでは、「海外事業は、現地の人に舵取りを委ねる」というのが基本方針です。コマツでは、中国のほか、アメリカやイギリス、ドイツ、インドネシア、タイ、インド、ブラジル、ロシアなど海外11カ国に生産拠点を持っていますが、そのうち7カ国で現地の人が経営トップを務めています。日本からトップを送り込んでいるのは、ブラジル、タイ、スウェーデン、そして歴史の浅いロシアの４カ国です。

しかも、よそからスカウトしてきた者ではなく、10年、20年とコマツに勤め、コマツウェイをよく理解し体験してきた生え抜きの人材です。一時ドイツなどで、外部から経営者を引き抜いたりしたこともあったのですが、価値観が合わず、結局、定着しませんでした。そこで、時間はかかっても、それぞれの国で一から人材を育てる方針を採用し、「マネジメントの現地化」を進めてきたのです。

中国でも、同様の方針で臨んでいます。中国には16の子会社がありますが、それを現地で統括する小松（中国）投資有限公司（上海）の董事長（日本における会長職）は、日本から送り込んだ専務執行役員の茅田泰三さん（前職・海外営業本部長）で、社長職にあたる総経理は、1985年からコマツの北京事務所で働きはじめた王子光さんです。中国で販売網を構築する際、大きな力を発揮してくれたのがこの王さんでした。彼がいてくれたからこそ、中国の地域社会に密着した販売網を整備できたといっても過言ではありません。

かなりのところまで現地で意思決定できる体制に

中国については、権限委譲も重要です。変化が激しいだけに、現地でテキパキと意思決定する必要があるからです。2009年までは人事・労務経験の長い元専務の米山正博さんを送り込んでいましたが、2010年の春からは、茅田さんのほか、常州には梶谷鉄朗さん（前職・購買本部長）、済寧には小竹延和さん（前職・開発本部長）に常駐してもらっています。

これは、本社の役員3人を現地にそろえ、本社のボードのミニチュア版を中国につくったようなイメージです。これに加えて、かなりのところまで現地で意思決定できる権限も付与しました。

これほど多くの上級役員クラスの幹部を中国に送り込んでいる日本企業は、少ないのではないでしょうか。

しかし、先にも書いたように最終的な目標は「マネジメントの現地化」です。いまは経営中枢を任せるに足る中国人幹部が王子光さんをはじめ少数しかいませんが、ミドルクラスにはかなりの人材が育ってきています。こうした層をどんどん厚くすることで、マネジメントの現地化が実現しつつあります。

2010年6月29日の日本経済新聞は1面トップで、「コマツの中国16子会社、社長すべて中国人に」と報道しました。この記事はたいへんインパクトがあり、経営者の集まりでも「コマツさんは相当思い切ったことをしますね」と言われましたが、私に言わせれば当然のステップです。記事にあるように、中国には、販売ローンや物流など機能別の子会社も含め16の会社があります。経営トップといっても現場のリーダーに近い感覚のポストも多いのですが、それを中国の人たちに任せることで、日々のオペレーションや細かな意思決定をまず現地化するわけです。

そして、そこで判断できない事柄を、日本から派遣した3人の執行役員や王さんが決裁する。さらに大きな事項についてのみ、東京本社が関与するという体制です。

ただ、16の子会社には、人事や財務、経理、法務といったことをそれぞれ分散してやる力はありません。トップのローカル化をするうえで、こうした管理業務については統合することが前提となります。たとえば、会社が違っても財務は一体的に運営する体制を整えました。16社の財布をひとつにして、余剰資金がある会社から資金が必要な会社に機動的に融通できるようにしたのです。

これによって、ファイナンス面でも中国事業の自立性が高まり、東京本社への依存度が減りました。こうした管理・統制機能を集中させる取り組みを重ねることで、子会社を日々のオペレーション機能に特化させ、経営の現地化を進めていきたいと考えています。

補足になりますが、私がコマツの社長に就任したとき、思い切った事業の選択と集中で300社あった子会社を110社減らし、コア事業に関係する子会社の上場はすべて廃止しました。中国でもこれから、子会社を統合して数を少なくしていくことが必要だと考えています。

取り組みへの本気度が試される

中国と日本は、同じ東洋の国であるとともに、人々の顔つきも似ていれば、漢字という文字も共有しています。しかし、「似て非なるもの」とはこのことで、人として目指すところは大きく違います。中国人はある意味で、アメリカ人に似たところがあります。「鶏口牛後」という言葉があるように、大きな組織に帰属するよりも、小さくてもいいから自主独立でやっていこうとする人が多いようです。

そのなかで、コマツマンとして高い忠誠心を持つ現地マネジメントを育成していくのは、たいへん難しいテーマですが、挑戦しがいのある課題です。販売ネットワークの現地化でライバルに差をつけたようにマネジメントの現地化ができれば、それはコマツにとって大きな資産になるはずです。

中国の人は「発展空間」という言葉をよく使います。いまの仕事を続けて、自分がさらに発展できる空間があるかどうか、企業はそうした発展空間を提供できるかどうか。それが、中国で優秀な人材を確保できるかどうかの分かれ目になるでしょう。

私は、「中国では、１９６０年代の高度成長期に日本でやったことと、世界最先端のマーケティングとをいかに絶妙に組み合わせたオペレーションができるかが勝負だ」と社内で言っています。先に述べた、サービス技術者を養成するための学校や品質管理活動などは、まさに日本がかつてやってきた「発展空間」の提供です。

さて、この章を締めくくるにあたって、最後に一言。

「新興市場が大切」「そのなかでも中国が重要」というのは、いまどき世界中の経営者が口にする決まり文句です。しかし、その本気度はどの程度なのでしょうか。それを示す判断材料のひとつが、中国語にどこまで真剣に取り組んでいるか、だと思います。

コマツでは２０１０年の春から、新入社員の研修に中国語の授業を取り入れました。それまでは英語の研修をさせていたのですが、いまどきの学生はTOEICでもかなり高い点数をとっている人がほとんどで、私たちの世代とは出来が違うようです。

そこで、企業としての方向性を示す意味でも、中国語の研修に切り替えました。何も全員が中国のエキスパートに育ってほしいというわけではありません。しかし、21世紀のコマツにとって、中国こそが最大の戦略市場であるということを、次代を担う新入社員にもわかってもらいたい。そんな思いから、切り替えることにしたのです。

［第2章］

構造改革への取り組み

——危機が会社を強くする①——

会社の歩みも人生と同じで、順風満帆のときもあれば、危機の時代もあります。その会社が凡庸な企業で終わるか、偉大な存在に飛躍できるか、その分かれ目は、危機に臨んで、経営陣がどんな対応をするかに左右されます。危機を逆手にとって思い切った改革に踏み込んだ企業と、一時しのぎの取り繕いに終始している企業とでは、危機をくぐり抜けた後の勢いが違うでしょう。そうした意味で、危機とは、エクセレント・カンパニーと平凡な会社とを選り分ける「ふるい」のような存在かもしれません。

コマツが優良企業の域に達しているかどうかはおぼつかないのですが、以下では、近年コマツが遭遇した2つの危機に際して、私たちが何を考えて会社の舵取りに当たったかについて述べたいと思います。

構造改革宣言

最初の危機は、私が社長に就任した直後にやってきました。

私が社長になったのは2001年6月ですが、この年は、アメリカで同時テロが発生した年です。その前年にはITバブルがはじけました。日本でも大手エレクトロニクスメーカーの業績が悪化し、大規模なリストラに追い込まれました。

建設機械業界も例外ではありません。1990年代の日本では、公共事業を抑制するトレンドが続き、国内市場はすでに冷え込んでいました。世界を見渡しても、景気のよかったアメリカ経済が失速すると、成長の牽引役は見当たりません。中国などの新興市場が台頭し、われわれがその恩恵を受けはじめるのは、数年先のことです。

コマツの社内には、「原油価格と建設機械市場の動向は連動する」という経験則があります。原油価格は一次産品の代表選手のような存在で、資源価格が上がるということは世界経済が活況を呈している証拠です。さらにコマツの油圧ショベルやブルドーザーといった機械は、油田や鉱山などの資源開発の現場でも使われています。一次産品の価格が上がると、資源開発のための投資も活発になり、それでコマツの製品も売れるという循環です。

ところが、私が就任したとき、経営のシグナルともいえるこの原油相場もひどい状況でした。社長になる少し前には、原油価格の代表的指標であるＷＴＩが１バレル10ドル近くまで落ち込むこともありました。国内市場は公共事業の抑制による縮小が続き、成長を引っ張る４番バッターが見当たらない。そんな環境のなかで、社長に就任することになったのです。

内心では「たいへんなことになったな」と思いましたが、逃げるわけにはいきません。２００１年度が進行していくにつれ、赤字が避けられない状況になりました。結果的に、２００２年３月期の営業赤字は１３０億円、純損失は８００億円となります。

とはいえ、コマツは、建設機械売り上げの国内市場シェアがトップの会社です。世界市場でも、規模では劣りますが、会社の内容的には業界1位のキャタピラー社と互角に戦える「ビッグツー」といってもいい存在でした。そのため、いい意味でいえば、どこか会社全体に余裕があり、危機感が浸透しきらないきらいがありました。

そこで、私は、この赤字転落を機に、コマツの「構造改革」を進めると宣言しました。

私の社長就任とほぼ同時に、小泉純一郎首相が誕生し、旧来の政治からの脱却に国民の期待が集まりました。新政権のキーワードである「構造改革」という言葉をメディアも連日取り上げました。その言葉を拝借して、「これまでのやり方や常識にとらわれない、相当思い切ったことをやる」という決意を社内外に示したのです。

成長とコストを分けて考える

赤字転落という八方塞がりの状況をどう打開するか。構造改革を進めるにあたり、私は「成長とコストの分離」というコンセプトを打ち出しました。成長とコストの分離とは、文字どおり成長とコストをそれぞれ別々に分けてとらえようというものです。

なぜ、成長とコストを分けて考えるか。それは、コマツだけでなく多くの日本企業にいえることですが、戦後ずっと右肩上がりで成長してきたため、「多少コストが高くても、会社が成長すれば（つまり売り上げが伸びれば）、コスト高を吸収できる」という発想が根づいてしまっていたからです。

この発想は、ある時期まで立派に通用しました。売り上げがどんどん伸びるので、コストをあまり気にすることなく、商品モデルの数を増やしたり、社員や子会社の数を増やしたりする拡大路線を続けることができました。

しかし、バブル崩壊をきっかけに、潮目は変わっていたのです。高度成長時代の「甘い夢」を引きずった発想はもう限界です。コストはコストで厳格に管理することで、売り上げ増が見込めなくても、しっかりと利益が出る体制をつくる。これは、経営者にとって当たり前の使命です。

そのうえで、売り上げが伸び、企業が成長すれば、それに越したことはありません。しかし、いつもそのようにうまくいくとは限らない。だから、「右肩上がり」を経営の与件にしてはいけないのです。

当時、多くの日本企業に見られた共通の弱みが、収益力の低さでした。技術や製品の水準は高いのですが、どのくらい稼いでいるかという利益レベルで見ると、欧米のライバル企業に大きく水をあけられてきたのです。

建設機械業界も、その典型でした。国内には、日本建設機械工業会のメンバーだけで70社以上のメーカーがひしめき合い、激しい価格競争に明け暮れていました。一方で、高コスト体質に本格的にメスを入れるかというと、右肩上がりの時代の余韻がまだ残っており、大規模なリストラには躊躇する経営者が多かったのです。私が社長に就任した2001年は、コマツだけでなく日本の経済界のなかにも、ようやく「こんなことでは、もう持たない」という機運が盛り上がってきたころでした。

当時は「日本はもう、ものづくりに適した国ではない。工場はすべて中国などの海外に移すべきだ」といった極端な悲観論もありました。私も、日本の実力がどんなものか、なぜコマツの社員は一生懸命やっているのに、欧米のライバル、とりわけ世界最大手のキャタピラー社に比べて低い利益しか出ないのか、といった点に大きな問題意識を感じていました。

なぜ赤字になったのか

真っ先に取り組もうと思ったのは、本当の赤字の原因を探ることです。というのも、何が原因かがわからなければ、構造改革の方針を打ち出すことができないからです。まずは、データをとって、現状を正確に把握すること、つまり「ファクト・ファインディング」(事実把握)の作業から出発しなければいけません。

そこで、コマツの全世界の工場の実力比較調査を実施することにしました。コマツは、日本のほか、アメリカや中国、イギリス、タイ、インドネシア、ブラジルなどで、まったく同じ機種を生産しています。その生産コストを工場ごとに厳密にはじき出すのです。赤字になったのは、本当に国内の生産コストが高いからなのか。そうであれば、工場を海外に移すしか、残された方法はありません。私は、コストを「変動費」に絞って比較してみようと決めました。これは、アメリカ駐在のときに学んだやり方です。

しかし、調査の結果、確認できたのは、「日本の工場には十分な競争力がある」ということでした。2001年当時の為替水準で、最も生産コストが低いのは、意外なことに日本でした。人件費や、電力などのインフラ費用など、割高な項目もありますが、それを補ってあまりある生産性の高さを日本の工場は持っているのです（２０１１年のいまでは、為替にもよりますが、日本より中国での生産コストのほうが５％程度低くなっています）。

アメリカの競合会社の工場の生産性がどれほど高いかは、直接調べることができませんでしたが、コマツのアメリカ工場の数字を参照すれば、コマツよりも生産コストが大幅に安いということはまずありません。おそらく、生産コストでは、コマツのほうが勝っているのではないかと推測できます。

では、それだけ筋肉質な生産体制を持ちながら、なぜ利益で競合他社に劣るのでしょうか。なぜ赤字になってしまったのでしょうか。

原因は「固定費」にあった

いろいろと調べた結果、根本的な原因は「固定費」にある、ということがわかってきました。

企業のコストは「変動費」と「固定費」に大別できますが、変動費とは、そのときの生産量に応じて増えたり減ったりするコストです。たとえば、鋼材など材料の仕入れ費用が、これにあたります。一方、固定費とは、読んで字のごとく、固まって動かない費用です。生産量の増減に関係なく、常に発生する費用です。固定費には、人件費や設備償却費など多くの費目が含まれます。

経営構造改革の成果

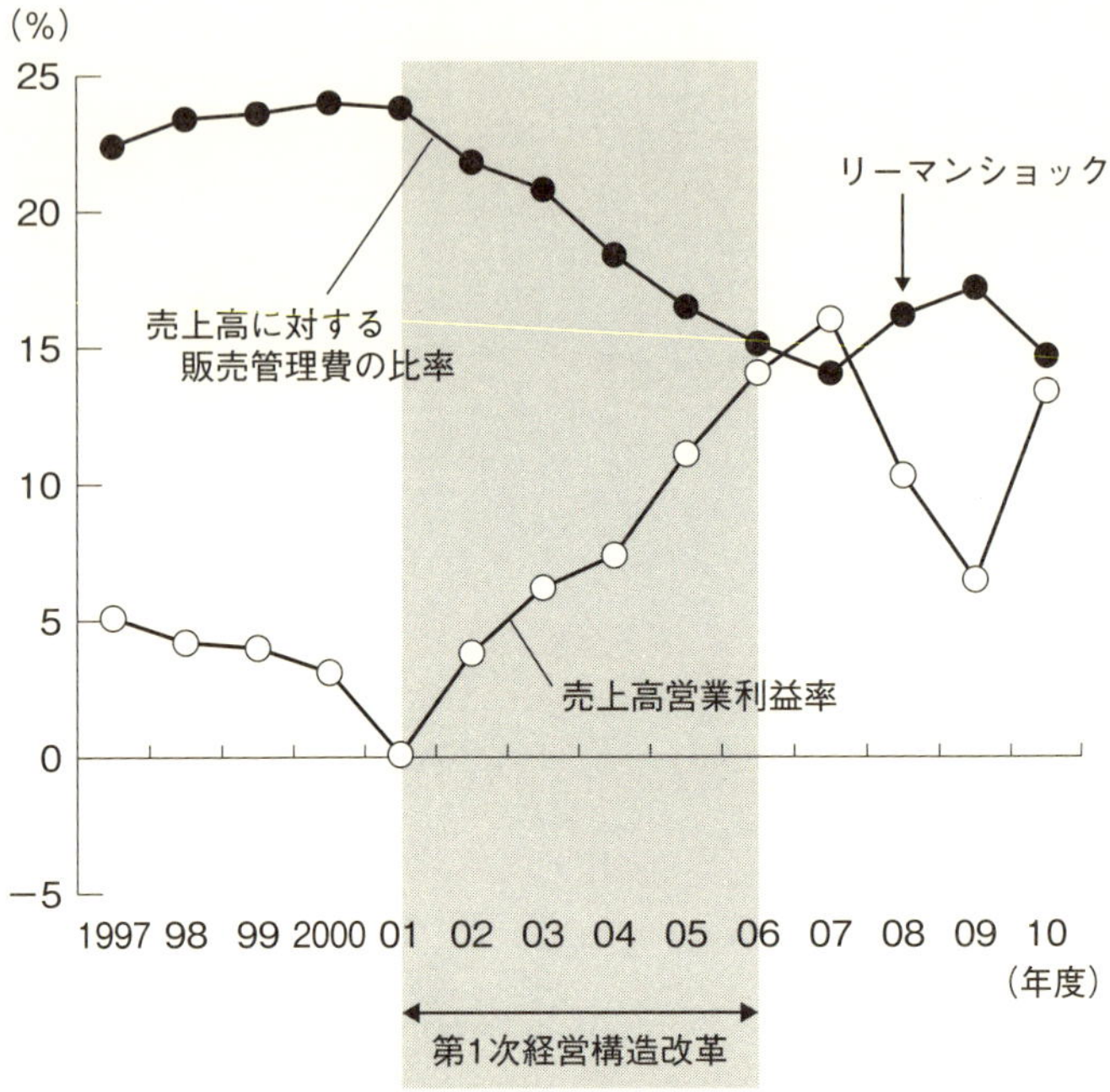

(注) グラフは建設・鉱山機械部門の数値。また、2010年度は4~12月の数値。

しかし、高すぎる固定費の本質は、成長とコストを分けて考えてこなかったツケともいえる、社内に蓄積されてきた「無駄な事業や業務」にありました。

たとえば、コマツは、他の日本企業と同様、事業の多角化を進め、たくさんの子会社をつくってきました。しかし、その後、景気が落ち込んで不採算になっても、雇用を維持するために、そうした事業を続けてきたのです。慢性的に赤字の子会社群や、それを許す体制、体質こそが、高い固定費を生み出す原因だったのです。

ちなみに、コマツがベンチマークしているアメリカの競合会社の売上高営業利益率は、私の社長就任以前、だいたい6ポイントぐらい差がありました。これは、仮に両社の売上高が1兆円なら、競合会社はコマツより600億円営業利益が多く出る計算になります。そして、売上高に対する販売管理費（販売費及び一般管理費）の比率は、コマツのほうが競合会社より6ポイント程度高かったのです。

見える化できれば、打つべき手もはっきりする

何が問題かは明白でした。コマツは固定費が高すぎるから、競合会社ほどの利益が出ていない。メーカーの競争力の源である工場や開発部門では負けていない、むしろ勝っているのに、固定費

の高コスト体質が重荷になって、コマツは競合会社に収益で差をつけられていたのです。

長年にわたり利益で負け続ければ、いずれ開発投資や設備投資でも後手に回り、メーカーとしての実力そのものにも影響が及ぶのは必至でした。

しかし、こうして問題点がグラフや数字で「見える化」できれば、打つべき手もはっきりしてきます。コマツでいえば、固定費のカットこそが最優先の課題です。私はすぐに固定費の削減に着手し、不採算事業や本社の業務を徹底して見直しました。そして、希望退職や子会社の統廃合など、さまざまな手を打ちました。

いままでについた贅肉を、思い切ってそぎ落とす。開発力や生産力では負けていないのですから、そうすれば必ず甦る。このことを、私の口から社員に具体的に説明するようにしました。

大手術は1回限り

このとき、私は、いくつか改革の原則を決めました。ひとつは「大手術は1回限り」という原則です。

世の中の経営不振企業を見ていると、何度も何度も小出しのリストラを繰り返すところがありますが、それは、小手術を繰り返して、患者（会社）の体力をじわじわ奪うようなものです。それでは、再起の可能性を小さくするだけです。

1990年代初頭にIBMのリストラを主導し、見事に復活に導いたルイス・ガースナー元CEOも、「だらだら続くリストラは、社員や取引先にとって苦痛以外の何ものでもない。経営者はこれを絶対に避けるべきだ」と述べています。

1回限りのリストラで会社を再生するためには、何をすべきか。私は、赤字転落がはっきりしてきた段階で、これまでタブー視してきた雇用に手をつける決意を固めました。私が入社して以来初めてとなる希望退職を募ったほか、子会社への出向社員を転籍にしました。幸いバランスシートはそれほど悪くなかったので、最大限の手当てができました。

これによって、退職した社員は1100人、転籍者は1700人に達しました。当時のコマツには2万人の社員がおり、15%近い人たちが何らかの痛みを被ったのです。

子会社の整理統合

同時に、子会社の統廃合も行いました。

私が社長になったとき、コマツの子会社における不採算事業は毎年400億円近い赤字を出していました。それを本体の利益で埋めていたわけですが、そんなことを続けていても、本体は弱体化するばかりです。いずれは共倒れになるに決まっています。

子会社については、数そのものを整理統合によって大きく減らしました。３００社あった子会社を1年半で１１０社減らしたのです。たとえば、いわゆる「インハウス子会社」の改廃を進め、さまざまな社内向けサービス業務を思い切ってアウトソーシングしました。後でくわしく触れますが、コマツ社内向けのシステム開発をしていたコマツソフトという会社も、ＴＩＳ社（旧東洋情報システム）に売却しました。

こうしたインハウス子会社の整理は、私の独創でもなんでもなく、考えてみれば当たり前のことです。日本にもファンの多い経営学者のピーター・ドラッカーさんは、１９８９年に「メールルームを売却せよ」という論文を書いています。社内宛てに送られてきた郵便物を仕分けするメールルームは大きな組織ならどこでもあり、必要な機能ですが、それを自前の組織、自前の人員でやる必要はありません。外部に専門的な企業があれば、そこに売却し、そこからのサービスを受けたほうが効率的です。

しかし、いまなお、多くの日本企業が、そうしたインハウス子会社を社内に抱えているのが現実ではないでしょうか。

なぜ子会社でなければならないかを問う

売却した事業もあります。

コマツは建設機械と産業機械をコア事業とする会社ですが、1960年代というかなり早い時期に「もうひとつの柱を育てよう」という考えで、エレクトロニクスや化成品の子会社を設立していました。なかでも大きなのが、半導体のシリコンウエハーを手がけていたコマツ電子金属という子会社です。

この会社について、私はかなり早い時期に「エレクトロニクスのことはエレクトロニクスのプロに任せる」と、売却することを決めていました。さまざまな要因が重なって業績が悪化し、慢性的な赤字状態が続いていたからです。取締役会や社外の有識者で構成するアドバイザリー・ボードからも売却の方針について了承を取り付け、節目ごとに進捗を報告しました。

実際には、コマツ電子金属の売却を決めるまでに、予想以上の時間がかかってしまいました。

最初は、アメリカの投資ファンドが買い手に名乗りを上げました。次に、ある欧州メーカーが手を挙げましたが、技術だけ吸収してしまえば、日本での事業継続に関心はなさそうです。「こうした会社に買われて、従業員たちは幸せになれるのだろうか」と考え込まざるをえない顔ぶれでした。

そこで「こうした買い手が来ましたが、このような懸念があり、見送りたいと思います」と、その都度、取締役会とアドバイザリー・ボードに報告し、了承を得ました。最終的には、2006年、日本のSUMCO社に売却することで合意しました。時間をかけたことで、いい売却先が見つかったと思います。

ここで大事なことは、「この事業は非戦略部門だから切り離す」と決めたら、そこからぶれないことです。相手のある話ですから、時期や売却金額をあらかじめ決めることはできませんが、「売ること」にコミットし続けることが大切です。

日本企業にありがちなのは、ある子会社が赤字になると、慌てて売却や他社との統合をしようとする一方で、調子がよくなると「やっぱり残そう」とそれまでの考え方を変えるパターンです。こうした一貫性のなさは、日本を代表するような大企業でもしばしば観察される事態です。

とはいえ、その事業が大赤字を計上しているときに、それを高値で買いたいという人はいませんし、弱体化した会社同士をくっつけたところで競争力は上向きません。むしろ、業績のいいとき、その子会社の元気がいいときこそ、非戦略事業をいい条件で手放すチャンスなのです。

そして、事業を買う場合も含めたM＆Aの基本スタンスは、「どちらがオーナーになったほうが、その事業がより発展していけるか」のただ一点で判断されるべきものと考えています。

事業を持ち続ける理由

もうひとつ、子会社改革を進めるうえで、私自身、プレッシャーを感じていたのが買収リスクです。

いまではずいぶん下火になりましたが、リーマンショック以前は投資ファンドなどが台頭し、多くの会社が敵対的買収にさらされるリスクを感じていました。コマツでも、買収防衛策については取締役会で何度か議論し、他社の防衛策についても研究しました。

しかし、結局は「番犬注意」の看板程度にしかなりません。「他の人たちが経営するよりも、自分たちが経営したほうが絶対に企業価値が高くなる」と自信を持って言えるような状況をつくりあげるしかありません。

それを実現するうえでの大きな障壁が、これまで業績不振の子会社群、なかでもシリコンウエハー事業でした。

コマツも、株価が下がったときには時価総額が4000億円を割り込み、PBR（株価純資産倍率）が1を切ったこともあります。そんなとき、ある投資家から「俺ならシリコンウエハー事業を売り払って、株価を一気に倍にするぞ」と言われたことがあります。まことに強引な論理ですが、「こんな人にかかれば、本当にそうなってしまうかもしれない」という危機感を抱いたのも事実です。

シナジー効果がよくわからない多角化事業を持ち続けることは、その事業の業績が好調ならともかく、事業の調子が悪い場合は、投資家の目から見てとても許されることではない、そんな時代がやってきた、という実感がありました。

すべての商品で世界1、2位を目指す

このように、事業の整理統合を思い切って進めてきましたが、その基本スタンスは「どんな事業でも、世界1、2位のポジションなら勝ち抜いていける」というものです。「わが社独自の技術を有し、そのシナジー効果を発揮できる事業で世界1、2位を目指そう」と、事業や商品の選択と集中を続けてきました。

結果として現在、コマツの売り上げの約50％は、世界1位の商品で構成されています。世界2位の商品まで含めると、全売上高の約85％に達します。世界2位の建設機械メーカーですから、建設機械の商品の多くが世界2位以内だろうと思われがちですが、意外と3位以下のものも多いのです。むしろ、クルマを生産するときに大きな鋼板をプレスして金型加工する「大型ACサー

ボプレス」など、私の前任者である安崎暁社長の時代に構造改革が終わっていた産業機械のほうが、世界1、2位の商品比率が高くなっています。

なかでも、2006年にコマツグループに加わってもらったコマツNTC（旧、日平トヤマ）の商品は、ほとんどが世界1位のシェアを持っています。本来は自動車生産などに使う工作機械の製造が同社の主力事業ですが、現在では、半導体・太陽電池用シリコンをスライスする「ワイヤーソー」の需要が急拡大しています。

コマツNTCは、私が社長時代に買収した会社ですが、このときも「どちらがオーナーになったほうが、その事業がより発展していけるか」のただ一点を信じて交渉に臨みました。今後も、3位以下の商品についてもダントツの技術で世界一を、そして、中国のような大きな新興市場でトップになることを目指していきます。

痛みを伴う改革を実行するのが、リーダーの役目

こうして、希望退職などで人件費を100億円ほど削減、さらに2001年から1年半でトータル400億円の固定費を削減しました。その結果、市場環境がまったく変化しなかったなかで、2001年の営業赤字130億円を、2002年には300億円の黒字にすることができました。

その後は、この章の最初に示したグラフにもあるように、売上高に占める販売管理費の比率が下がりました。2007年には、比較対象の競合会社より低い水準となり、それに連動して利益率も同社を凌駕できるところまで伸びてきました。

企業あるいは国の財政再建もそうですが、ひとつの組織の収益体質を改善しようとするとき、最も陥りやすい誤りは、手っ取り早い「変動費の削減」ばかりを追いかけて、現場や外部に負担を押しつけることです。

コマツでいえば、研究開発費を削ったり、部品メーカーに値下げをさせたりして利益を上げるといった方法です。しかし、これでは何の解決にもなりません。コマツの利益が一時的に上がったとしても、これは、将来の利益を犠牲にしているか、あるいは部品メーカーの利益を吸い上げているだけです。利益の付け替えでしかありません。

これまで部品メーカーと互いに知恵を出し合って、品質を高めたり、新しい技術を生み出したり、サプライチェーンを効率化することでコストを削減したりしてきました。そうした取り組みによって競争力を築き上げてきたのです。自分の都合ばかりを押しつける傲慢な企業に、部品メーカーはついいてきてくれるでしょうか。

それよりも、組織にどっかりと覆いかぶさり、活力を損ねる「固定費」にこそメスを入れるべきです。固定費の改革は痛みを伴うものですが、そこから逃げずに、関係者を説得しながら改革

営業利益の推移

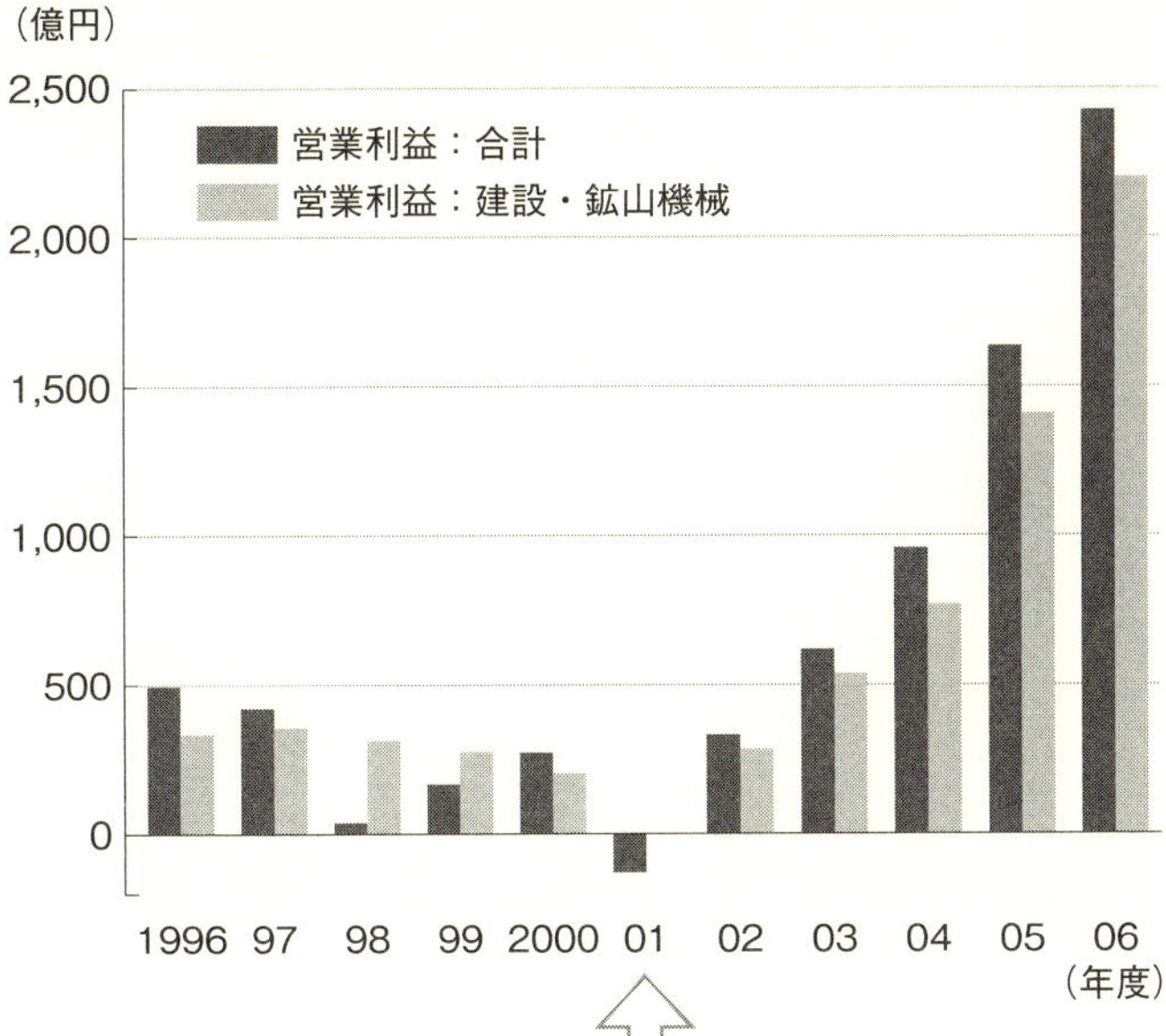

①経営の見える化
②成長とコストの分離
③強みを磨き、弱みを改革
④大手術は1回だけ

を実行するのがリーダーの役目だと思います。

また、こうした固定費削減に取り組む一方、成長に向けた投資の手も緩めませんでした。本書の後半で紹介するコムトラックスや無人ダンプトラック運行システム、ハイブリッド油圧ショベルをはじめとした「環境・安全・ＩＣＴ」を考慮した新商品の開発や、アジアの時代がやってくることを先読みした中国やインドでの工場建設など、投資の選択と集中をより加速させたことが、その後の収益改善に大きく貢献したと考えています。

間接部門の生産性をいかに上げるか

固定費の高さとも関係するのですが、間接部門の生産性をいかに上げるか、ということも社長時代の大きなテーマでした。

日本の工場の生産性がたいへん優れているのは皆さんご存じのとおりですが、これが実現できたのは、成果や課題をはっきりと数字でとらえられたことが大きいと思います。１日あたりの生産台数や欠陥品の数など、自分たちの仕事のアウトプットを「見える化」することです。いつまでにどこまで改善するかといった目標も、数字で示すことができれば、組織のメンバー全員で共有できるようになります。

しかし、いわゆる本社部門ではそうはいきません。まず、「そもそも自分たちの仕事のアウトプットが何か」ということさえ、本当にわかっているのでしょうか。現状や目標を数値化して示すことも、ほとんど行われていません。

そんな状況を前にして「このままではいけない。どこかに突破口はないものか」と考えるうちに、ふと思い浮かんだのが「決算」でした。決算のとりまとめや発表は経理部門にとって最大の仕事です。工場が油圧ショベルやブルドーザーを生産して、それをお客様に届けるように、経理部門は「決算」というアウトプットを生み出し、それを投資家やその他の関係者に届けます。

しかし、工場が商品をつくるのと同じぐらいの熱意を、経理部門は、決算のとりまとめに注いでいるでしょうか。いまの水準に満足せず、より迅速で正確な決算報告をするために努力を重ねているでしょうか。

私の目からはとてもそうは見えませんでした。たとえば、以前は「期ズレ」という決算処理が当たり前のように行われていました。四半期決算で例を示すと、4~6月の決算を発表する際、国内の事業については当然4~6月の数字を集計するのですが、海外事業については集計に時間がかかるため、1~3月期の数字を代用するのです。

もちろん、決算発表時には「この事業とこの事業の収益は期ズレで計上しています」と公表するので、投資家に嘘をついたことにはなりません。しかし、正確で迅速な情報開示という観点からは、望ましいとはいえません。たとえば、リーマンショックのような激震が起こり、売り上げが急減しているようなとき、それ以前の業績が順調だったころの数字を「期ズレ」で発表しても、意味がないでしょう。社員や経営者にとっても、「会社の状況を正確に知る」という意味で、すばやい正確な決算は大切です。

決算集計の迅速化

そこで、「決算集計の迅速化」というミッションを経理部門に課しました。そのなかには、当然「期ズレ」の解消も入っています。すると、どうなったでしょうか。

私が社長になって初年度の決算である２００２年３月期決算は、同年の５月10日に発表しました。期末である３月末からほぼ40日後で、日本企業の標準的なスピードだと思います。しかし、その後、発表期日をどんどん前倒しするようになると、ついに06年３月期の決算は４月27日に発表できるまでになりました。

かつては、世間が休みのゴールデンウィークにも経理担当者が出社して数字と格闘しながら決算をまとめていましたが、いまでは、ゴールデンウィークが始まる前に、すでに決算発表が終わっているのです。しかも、単に発表を早めただけではありません。「期ズレ計上をやめる」（決算期を統一する）といった情報の質の向上も進めました。

なぜこれが実現したのでしょうか。大きかったのは、子会社の経営陣の意識改革です。コマツには連結対象子会社が約１５０社あり、それらの数字が全部そろわないと連結決算を集計できません。何事もそうですが、大半が期日に数字を出してきても、１社か2社の提出が遅れると、それがボトルネックになって全体の工程を遅らせていたのです。

そこで、決算の集計について、子会社ごとに点数をつけることにしました。納期遅れは1日あたり1・5点減点、計算ミスは1点減点というふうに「数値化」したのです。工場ごとの品質を比較する際には、こうした横並びの数字による競争は当たり前ですが、これを「決算」という間接部門にも応用したところがミソでした。子会社の社長も、自分のところの手際の悪さが原因で全体の決算発表が遅れていることなど知りません。しかし、点数でそれが「見える化」されれば、がんばるのが人の常です。これによって決算数字の「納期遅れ」は大幅に減りました。

さらに、子会社の計数管理のやり方にも改善を加えました。決算が期日どおりできないのは、年度末や半期末であわただしく数字をまとめようとするからです。月次や日次で数字管理がしっかりできていれば、そんなことはありません。

後々の話になりますが、こうした取り組みが実を結び、２０１０年には日本インベスター・リレーションズ協議会の「ＩＲ優良企業大賞」を受賞しました。受賞理由は、「経営トップのＩＲ

活動の姿勢が一貫しており、ＩＲ活動が明確な方針のもとで実行されている。トップは、アナリストや投資家の関心事項を理解し、……」などとなっています。私たちの情報開示の姿勢が、情報の受け手である投資家に評価してもらえたのです。これは、コマツの建設機械がユーザーに気に入ってもらえたのと同じことです。

最初の話に戻れば、決算改革は、間接部門の生産性を引き上げるための、いわば戦略的な取り組みです。これはこれでうまくいきましたが、間接部門の合理化の余地がなくなったとは思いません。「日本企業は、強い現場と弱い本社を持つ」といわれますが、工場に比べて、本社部門、間接部門の競争力はそれほど高くないと思います。この間接部門の改革をどう進めていくかは、今後もコマツのテーマであり続けると考えています。

［第3章］

ポスト・リーマンショック

――危機が会社を強くする②――

前章に続くこの章では、2008年9月のリーマンショックに端を発した世界経済危機に、コマツがどう対応したかについて振り返りたいと思います。

リーマンショックといえば、つい数年前のことで記憶に生々しいはずなのですが、いったん危機から抜け出ると、人は往々にして、そのときの切迫感を忘れるものです。あのころは「年越し派遣村」が日比谷公園にできるなど、経済の領域を超えて、社会問題、政治問題の様相を見せていました。それによって自民党の麻生太郎政権が窮地に立ち、2009年の総選挙で民主党が勝利をおさめ、ついに自民党の一党支配にピリオドが打たれました。そのくらい2008年の世界経済危機は、私たちの生活や社会に直接的なインパクトを与えたのです。

私は2007年6月に会長に就任しているので、実際には野路國夫社長以下の現執行部が中心になって取り組んだことですが、協力企業への支援を行うなど、長期的な目線を失わず、実に冷静な対応をしてくれました。

真っ暗闇のトンネルに飛び込む

さて、企業経営の立場から、私がこの危機をどう受け止め、何をしたのか。いま手元に２００９年2月25日付の日本経済新聞があります。「日本経済　いま何をなすべきか」というテーマで取材を受け、それが1面に掲載されました。序章でも少し触れましたが、このとき私が何をしゃべったか、当時の記憶を呼び起こすためにも、記事の一部を見てみましょう。

記者「日本経済は非常に厳しい状況ですが」

「日本企業の現状は予想もしないところに真っ暗闇のトンネルがあって、そこに加速しながら飛び込んでいった感じだ。出口の光は見えず、自分が走っている方向もわからない。それが多くの経営者の実感だろう。……『１００年に一度』といわれるが、本当の厳しさはこれからだと思う。企業業績でいえば、２００９年3月期も悪いが、それでもまだ上期の貯金が下支えする。来期（２０１０年3月期）は年度を通じて悪い状態が続く可能性が高い。来期決算の発表される4月、5月にかけて厳しさが募るのではないか」

記者「経営者として何をすべきでしょう」

「コマツでいえば、底打ち感を出すために、ともかく在庫圧縮を急いでいる。国内工場は週2日操業という異例の減産に取り組んでおり、春以降は増産に転じたい。『出口』を経営者が示すことで、従業員や協力企業の人たちに展望を持たせることが大切だ。幸い建設機械は中国需要が持ち直しており、春先には環境がいまより好転している可能性がある」

いまから振り返れば、ここで述べた見通しがすべて的中したわけではありません。最後の部分で「春までに生産調整を終えたい」と述べていますが、実際にはもう少し時間がかかり、生産調整は2009年の夏まで続きました。しかし、危機のさなかにあっても、会社の進むべき方向性を示し、社員や協力企業の人たちに希望のシナリオを提示する。そんな経営者としての務めは、何とか果たせたのではないかと自負しています。

「リセッション」ではなく「パニック」

さて、金融危機のインパクトがコマツの経営をどう揺さぶったのか、数字を示しておきましょう。

一番わかりやすいのは、四半期ごとの売上高の推移です。リーマンショックに先立つ数年間は

「世界同時好況」といわれるほど景気がよく、新興市場を中心に建設機械もよく売れていました。たとえば、2008年1〜3月期の連結売上高は6139億円に達し、四半期の売り上げとしては過去最高を記録しています。いまも、この数字は破られていません。

ところが、危機を経た1年後の2009年1〜3月期の売上高はいくらになったか。「需要が蒸発してしまった」と盛んにいわれたように、需要が急落し、売上高は前年同期比38％減の3790億円まで落ち込みました。この後の3四半期の売上高は、いずれも3000億円台で推移しています。それ以前は6000億円台が続いたことを考えると、ほぼ半減してしまいました。ちなみに2010年10〜12月期も4400億円強にとどまっており、まだ回復途上にあるといえます。

生産財である建設機械市場はもともと景気による変動が激しく、「乗用車の売り上げが1割ダウンするような不景気が来ると、建設機械は3割減を覚悟しなければいけない」といわれていました。

したがって、市場の浮き沈みには慣れているつもりだったのですが、このときの需要急落は予想をはるかに超えていました。「3割減る」どころか「需要が3割になってしまった」（つまり7割減ってしまった）という時期さえあったのです。

実際にリーマン・ブラザーズが破綻したのは2008年9月15日でしたが、私たちが危機到来

四半期別の売上高推移

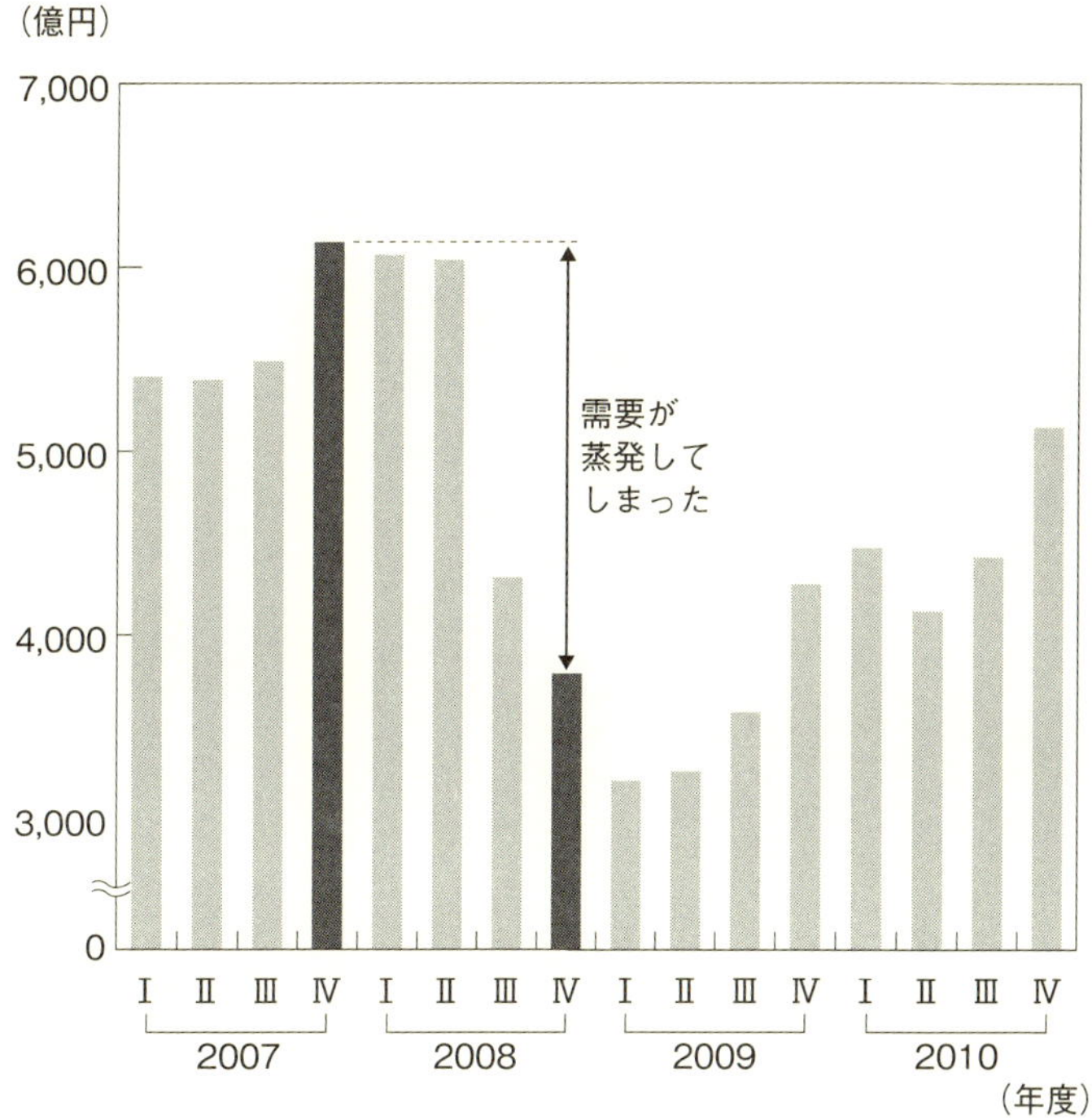

(注) 2011年1～3月期は予想値。

を実感したのはもう少し後の10月に入ってからです。コマツはアメリカで販売金融事業も展開し、割賦販売のクレジットも提供しているのですが、それまで滞りなくローンを支払ってくれていたお客様が支払いに窮する事例が目に見えて増えてきたのです。

聞いてみると、あてにしていた支払いが急に焦げ付いたり、長年の付き合いがある銀行が急に借金を返せと言ってきたりして、事業そのものはそれなりにうまくいっていたにもかかわらず、資金繰りが突然、苦しくなったというのです。

それを聞いて私は、「アメリカ経済は異常事態に突入した。これは大変なことになる」と身震いしました。各金融機関が疑心暗鬼に包まれ、誰を信用してカネを貸していいかわからない。典型的なクレジットクランチがウォール街で発生し、それがアメリカの実体経済、事業会社にも悪影響を及ぼしはじめたのです。

経済の血流であるカネのめぐりが悪くなれば、景気が急速に悪化するのは目に見えています。アメリカ発の信用不安はあっという間に世界に飛び火しました。英語で「恐慌」のことを「パニック」と表現しますが、なぜリセッション（景気後退）でもデプレッション（不況）でもなく、パニックという言葉を使うのか、その意味を思い知らされました。みるみるうちに状況が悪化し、世界全体が茫然自失としているかのようでした。

日本企業もその影響を受けました。最強企業といわれたトヨタ自動車が２００８年の暮れに赤字転落を発表したときは、さすがの私もびっくりしました。しかし、よそ様のことを心配している余裕はありません。金融危機が世界に広がるなかで、建設機械の売れ行きも世界各地で潮が引くように落ち込んでいきます。

世界経済というのはよくできたもので、ある地域が不況でも別の地域は景気がよく、全体で見ればバランスがとれていることが多いのですが、このときはそうではなく、世界のどの地域を見渡してもブライトスポット（明るい点）が見当たらず、地球儀が黒一色になりました。

在庫が適正な水準に戻るまで生産を止める

そんな未曾有の危機に直面して、コマツは何をしたのか。短期的な対応としては、日本経済新聞の記事にもあったように、在庫調整を優先しました。

危機以前の数年間というのは需要好調な時代で、需要に供給が追いつかない「タマ（商品）不足」が、メーカーや代理店にとって悩みのタネでした。そんな局面が続くと、各代理店は「売り逃し」をなくすために1台でも多く在庫を抱えようと、競って在庫の積み増しに走ります。そんな状態で販売に急ブレーキがかかったらどうなるか。高値で売れるはずだった在庫がとたんに不良在庫になって、メーカーやディーラーの経営（資金繰り）を圧迫するのです。

反省を込めていえば、努力してきたつもりでもコマツの在庫管理は甘かったと思います。世界経済危機が始まる前の2008年3月末時点で、コマツが抱える在庫は世界で1万8000台に達していました。これは、業界のなかでは少ないレベルでしたが4・2カ月分にあたる在庫で、そのなかにはコマツが所有するメーカー在庫のほかに、各代理店が抱えるディーラー在庫も含まれています。

このディーラー在庫というのがくせ者です。メーカーは自分が持つ在庫は把握していますが、ディーラーがどのくらい在庫を持っているかは、わかっているようでいて実際には正確に把握できていないことが多いのです。そのため、現実にはディーラーが在庫として抱えているだけなのに、販売が好調だと勘違いし、増産して痛い目にあう、といった事例が後を絶ちません。

第1章で、コマツは中国市場で「流通在庫ゼロ」を実現し、それを世界全体に広げようとしていると書きましたが、こうした取り組みのそもそものきっかけは、このときの過剰在庫の反省です。つまりディーラー在庫をゼロにすることで、「在庫の見える化」を徹底し、二度と過剰在庫に苦しまないようにしようということです。

したがって、このときの在庫調整は徹底してやりました。何も難しいことをしたのではありません。在庫が適正な水準に戻るまで、生産を止めたのです。たとえば、2009年の年明けの2月、3月、コマツの主力工場のひとつである粟津（あわづ）工場（石川県小松市）は、週2日しか稼働しませんでした。さらに、在庫のダブつき感がなかなか解消できなかったことから、8月にも週2日稼働を実行しました。

その間、需要が落ちこんだといってもゼロになったわけではありませんから、これだけやれば、徐々に過剰在庫もはけ、適正水準に戻ります。現時点でディーラー保有分も含めオールコマツの在庫は世界で1万2000台程度です。これなら過剰でもなく、かといって欠品を起こすほど在庫が薄いわけでもなく、まずまずの「適正」といえるのではないでしょうか。

しかし、工場を閉めて、のんびり休んでいるだけでは、会社は強くなりません。ラインは生産調整でストップしますが、そのあいだに何をするかが重要です。

コマツは実はリーマンショックの危機を乗り切る過程で、前向きな施策をたくさん打ちました。危機が終わった後に、業績がかなり急角度で回復したのも、そうした改善策が功を奏した側面があると思います。

生産ラインの合理化

ここで再び粟津工場を例にとって、コマツの取り組みを説明しましょう。

ちなみに、私が入社して初めて配属されたのが、この粟津工場です。近くに手取川(てどりがわ)という川が

「キャタピラー社が上陸すればコマツは3年でつぶれる」と言われた1961年、コマツは短期間で品質を飛躍的に高める「Ⓐ対策」を実施した。粟津では昼夜にわたる耐久試験が行われ、1963年に入社した筆者もⒶ対策車の試験を担当した（前列中央の人の後ろ）。

あり、新人時代にそこの河原で、朝から晩まで新型ブルドーザーの試運転をさせられたこともありました。

この粟津工場は、戦前からある拠点のひとつで、2008年は粟津工場創立70周年の節目でした。ところが、よりにもよってリーマンショックが起こってしまい、2007年に史上最高の2106億円を記録した工場出荷額は、2009年には760億円まで縮んでしまいました。週2日しかラインを動かさなければ、そうなるのも当たり前ですが、その一方で、こんなときにしかできない、さまざまな取り組みを進めました。

たとえば、それまではホイールローダーとモーターグレーダーをそれぞれ専用ラインで生産していました。皆さんよくご存じのブルドーザーは履帯（りたい）（無限軌道）で動きますが、ホイールローダーはタイヤで動きます。機能や形はブルドーザーによく似ており、採石現場で砂利を積み込んだり、製鉄所で石炭を運んだりするのに使われています。一方、モーターグレーダーは前後に長い機械で、タイヤとタイヤのあいだにブレード（排土板）を装備し、除雪や道路のならしに活躍します。しかし、経済危機で両機種とも生産規模が縮小したことから、「専用ラインの維持は効率的ではない、何とか1本のラインで混流生産できないか」という機運が現場で盛り上がりました。

ところが、この2つの機械は、見かけからしてかなり異なっています。モーターグレーダーの

ホイールローダー（WA380-6）は、車輪で走行し、土砂などをダンプカーに積み込むほか、製鉄所での石炭の運搬や除雪作業など、建設現場以外でも幅広い作業をこなす。

モーターグレーダー（GD655-3）は、道路のならしなどの整地作業を行う。特に車体が大きいことから大規模土木工事で使われるほか、新雪や圧雪の除去など、除雪車での除雪が困難な場合にも用いられる。

ほうがサイズも一回り大きく、エンジンなど他の工場で組み立てた分を除いた部品点数は、ホイールローダーの4000点に対して、モーターグレーダーは5000点もあります。それだけに1台を組み立てるのに必要な時間も違います。自動車メーカーでは異なる車種をひとつの生産ラインに流して組み立てる混流生産がそう珍しくはありませんが、ホイールローダーとモーターグレーダーの混流は、軽自動車と大型トラックを1本のラインで流すようなもので、特有の難しさがあったのです。

しかし、現場の知恵でその困難を乗り越えてくれました。メインラインの横にいくつかサブ工程を設けるとともに、ホイールローダーとのあいだの距離を調整してモーターグレーダーをメインラインに移せるようにしたのです。そうすることで、両機種ともメインラインでの作業量がほぼ同じになり、同一のタクトピッチ（時間間隔）でラインに流せるようになりました。工場をひとつに集約できたことで、両機種の生産効率は30%アップしました。かなりの合理化につながったのです。

生産拠点の統合

全社的にも、リーマンショックを機に、生産拠点の統合を進めました。

栗津工場では、大きさや部品点数の異なるホイールローダーとモーターグレーダーをひとつのラインに流して組み立てる「混流生産」を行っている（2010年10月撮影）。

コマツは2003年から07年までの拡張期に、茨城県ひたちなか市と石川県金沢市に港湾工場を新設しました。その時点では旧来工場も存在させたのですが、不景気が来て、能力の絞り込みが必要になれば閉鎖しようという腹づもりもありました。

そこで2009年4月に、ダンプトラックなどを生産していた真岡(もおか)工場（栃木県真岡市）と、大型プレス機械の拠点である小松工場（石川県小松市）の閉鎖を決めました。ダンプトラックの生産は茨城工場に、大型プレス機械は金沢工場にそれぞれ移管集約することにしたのです。どちらも輸出を中心とする大型の産業機械や建設機械を製造していたため、港湾に近い茨城、金沢の両工場に集約したほうが、陸上輸送コストや環境負荷がかからず、生産性を高められると判断しました。

ちなみに、当社発祥の地でもある小松工場の跡地には大型の社内研修センターを新設中で、2011年5月に完成する予定です。大型プレス機械を組み立てていた工場建屋はそのまま残し、実機を使いながら、全世界のサービスマンの技術を磨く道場として活用する考えです。

コマツは世界各国の拠点から毎年、延べ2万人以上の研修生を受け入れています。これまでは、東京の本社や各工場など受け入れ先はバラバラでしたが、今後は、新研修センターで集中的に受け入れることになります。また、新入社員に工場のイロハを叩き込むための研修や、幹部社員向けのリーダー研修にも使います。これにあわせて、本社にあった教育部も小松に移転し、総勢約

40名が小松市に引っ越す予定で、一部本社機能の石川回帰を実現させます。

工場閉鎖というのは会社にとっても地域にとっても辛い決定ですが、長年がんばってくれた小松工場が、時代の変化に合わせて、ものづくりからヒトづくりへの拠点に生まれ変わることを期待しています。

ちなみに、新研修センターの周囲には、「里山」を再現した自然公園などを整備しました。ここは、地域の子どもたちの教育の場として活用してもらいたいと思っています。子どもたちが機械など理系の知識技能を体験できるような設備もつくり、協力企業も含めたコマツグループの人たちやOB、OGが指導にあたる予定です。工場時代とはまた一味違う活気が戻ってくることを願ってやみません。

協力企業とともに栄える

ここでもう一度、リーマンショック後の対応に話を戻しましょう。

ここまで書いてきたのは、生産調整や工場集約などコマツ社内の対応ですが、実は、金融危機による痛みが最も深刻だったのは、コマツの「内部」ではなく「外部」でした。すなわち、急激な減産と金融市場の収縮によって、コマツの協力企業のなかで資金繰りに四苦八苦するところが出てきたのです。

協力企業とコマツの関係の基本は「ウィン・ウィン」（win-win）で、ともに手を取り合って繁栄し、成長していこうというものです。運命をともにする関係のことを、英語では「セーム・ボート」（same boat＝同じ船に乗る）とよく言いますが、コマツと協力企業の関係もセーム・ボートです。どちらか一方だけが発展し、もう一方が没落するということはありえません。

こういうことを言うと「何をキレイごとばかり言っているのか」という目で見られることも多いのですが、これは現実を飾って言っているのではありません。コマツには、約160社の協力企業を組織した「みどり会」という組織があります。みどり会には、ブリヂストンやデンソーのような大手企業も加盟していますが、3分の2の約100社は、古くからわが社に部品を納入してくれている中小規模の協力企業です。

この協力企業約100社の利益率はどのぐらいか、読者の皆さんはきっと驚くと思います。たとえば、リーマンショックが起こる前の2007年度、みどり会各社の対売上高営業利益率は平均して7％に達していました。

この7％というのは、実は、かなりたいへんな数字です。世間に名を馳せる大企業でも、そう簡単に達成できるものではありません。東京証券取引所の集計によると、2007年度の東証上場全企業の売上高を単純に足し合わせた合算売上高は684兆円でした。同じく合算営業利益は

37兆円で、対売上高営業利益率は5・4%でしかありません。上場企業の平均利益率を、中堅企業の集まりである、みどり会メンバーが大きく上回っていたのです。

つまり、ここで強調したいのは、「コマツも利益をあげるが、それを独り占めしない。協力企業にも、きちんと儲けてもらう」という私たちの姿勢です。

ちなみに、2007年度のコマツの対売上高営業利益率は15%ぐらいありました。かなりの高水準ですが、協力企業から利益をしぼりとったわけではありません。協力企業にも利益を還元しつつ、コマツ単体として高収益を達成していたことがわかってもらえると思います。

大幅な減産を強いる事態を放置しない

さて、そこにリーマンショックの到来です。コマツも、みどり会メンバーも、それまで順調でしたが、肝心のコマツが四半期決算で営業赤字に陥る事態になり、思い切った減産に踏み込みました。その結果、協力企業にも大幅な減産を強いることになりました。

このとき問題になったのは、協力企業の資金繰りです。生産が減れば、コマツに納入する部品も減り、コマツから受け取る部品の代金は減少します。一方で、社員への給料などは、減らすにしても限界があり、支出はそれほど大きく減りません。受け取る現金が細り、出費があまり減らなければどうなるか。手元のキャッシュ（現金）がどんどん流出していくのです。

それが短期間であれば、それまでの蓄え（預貯金）を取り崩すことでしのげるでしょう。しかし、リーマンショックのさなかは、いつまで危機が続くのか、先行きがまったく見通せない状況でした。みどり会メンバーのいくつかの会社に、倒産の危機が迫ったのです。

運命共同体を自任するコマツとして、これは放置できる事態ではありません。みどり会メンバーの窮地を救うために、いろいろなことをしました。

たとえば、金融機関への対応です。もし緊急の融資が受けられるなら、営業キャッシュフローで赤字が出ても、資金不足にはなりません。そこで、みどり会企業の経営者にコマツ幹部が同行して、北陸の地方銀行を中心として取引関係にある金融機関を訪ね歩きました。

「私たちが、この企業の後ろ盾です。決してご迷惑をかけるような真似はしませんので、必要なときには資金繰りの面倒をみてやってください」という暗黙のメッセージを込めた金融機関への訪問です。これが奏功したのでしょうか。世間一般では「貸し渋り」や「貸しはがし」が騒がれましたが、コマツの協力企業は金融機関の温かい支援をいただくことができました。

設備や部品を買い取り、支援する

さらに踏み込んで支援した事例もあります。

ある協力企業は、コマツの要請を受けて、かなり大規模な設備投資をした矢先でした。その分、借入金も膨らみ、財務体質が弱くなったちょうどその時期に、リーマンショックに遭遇してしまいました。しかし、コマツの要請で投資をした会社を潰すわけにはいきません。

そこで、どうしたか。コマツは、その会社の新設備を約3億円で買い取りました。こうして現金が手に入ったことで、この会社の資金繰りは一息つき、危機を乗り越えることができました。いずれ、この会社の体力が回復し、財務に余裕が出てくれれば、いまはコマツの所有になっている設備を売り戻すつもりです。

あるいは、こんなこともありました。急激な生産調整でコマツが必要とする部品の量も激減したのですが、部品メーカーのなかにはそうした事態を想定できず、大量の部品をつくり置きしていた企業もありました。それが不良在庫になれば、運転資金が大きく膨らみ、やはり資金繰りを圧迫します。

そこで、コマツでは、こうした部品を買い上げました。大幅減産でそんなに大量の部品は当座必要ないのですが、これもある意味では、協力企業の資金繰りを支えるための措置です。こうした「部品買い取り」の総額は約33億円に達しました。

雇用調整助成金は、コマツ本体でも大いに活用させてもらった制度ですが、みどり会メンバーの多くもお世話になりました。

雇用調整助成金を受け取る要件として「社員のスキル（技能）向上に努める」という項目があるのですが、コマツから講師を派遣し、みどり会各社の社員にセミナーを実施しました。そのセミナーの受講者は延べ2万5000人に達しています。さらに、こうした一連の支援を実施するために、協力企業支援部という専任の部を新設したのです。

協力企業同士の切磋琢磨も促す

この危機以前から、コマツと協力企業との絆は強固でした。

日本の大手企業にはよくあることですが、コマツでも、協力企業や独立系販売会社のオーナーの子弟を社員として数年間受け入れ、コマツのことをよく理解してもらったうえで、親元の会社に返すといったことはしばしばあります。

また、ビジネスリーダーを養成する社員向けの幹部研修会を、みどり会企業にも開放し、コマツの社員と協力企業の社員が同じ机で学んでいます。

さらに、みどり会企業で万一労災事故があった場合は、すぐさま私や野路社長のところにも情報が上がってきます。みどり会企業やそこで働く人は、コマツにとって「身内」にほかなりません。

あるいは、ここまでやる企業は珍しいと思うのですが、コマツでは年2回、みどり会企業の収益動向を取締役会の議題として取り上げ、いろいろと議論します。協力企業の利益率が全体として安定するようにウォッチしているわけです。

読者のなかには、こうしたコマツの対協力企業への姿勢は「甘すぎる」「時代遅れだ」と感じる人もいるかもしれません。もちろん、こちらの姿勢に甘えて、あぐらをかいてもらっては困ります。そうならないための仕組みもあります。

それは、「モデルチェンジのときに納入価格や納入企業を見直す」というもので、コマツの購買政策の基本です。日本企業によくある、毎年の値下げ要請はしていません。その代わりに、新たな機種に切り替える際に、それぞれの部品ごとに各メーカーに提案を出してもらい、競争入札のようなかたちで、どの会社に発注するかを決めるのです。旧モデルで部品を納入していたメーカーが、新モデルでも必ず受注できるとは限らず、納入会社の入れ替えもときどきあります。そういう仕組みで協力企業同士が切磋琢磨し、コスト競争力や技術力を磨かないメーカーは自然に淘汰されていくのです。

しかし、リーマンショックのような外部環境の急変で、体力の弱い協力企業が危機にさらされるのは話が別です。このときはどの企業もたいへんで、自社工場の仕事量を確保するために、外注を切った大手メーカーもあったと聞きました。しかし、コマツのやったことはその逆です。部品買い取りなどを実施し、「みどり会メンバーは1社も潰さない」を合言葉にして、必死に支えました。

その背景には、リーマンショック以前の世界経済が好調だった時代の教訓があります。そのころは、「減産」ではなく「増産」が建設機械業界のテーマでした。市場の成長が予想よりも常に上ぶれするなかで、いかにスムーズに増産を実現し、増え続ける需要をモノにできるかを、世界中の建設機械メーカーが競い合ったのです。

このとき、一番うまく事業展開できたのがコマツだったと思います。２００３年から07年までの業績や株価の推移をライバルと比べてみて、そう実感するのです。

なぜライバルより早く増産できたのか

では、なぜ、コマツは増産対応に成功したのでしょうか。建設機械というのは数千点の部品で構成されますが、そのうち、建設機械メーカー本体でつくっているのは10％以下にすぎません。もちろんトランスミッションやエンジンのような中枢部品は内製していますが、たとえばブルドーザーの履帯やバケット（前面にある土をすくう部分）のような大型部品を含めて、過半数の部品は外部から調達しています。

そのなかで、増産を円滑に進める最低限の条件は、各部品をつくっている協力企業が一致結束して増産に協力してくれることです。ある水準までの増産は、残業を増やすなどで対応可能ですが、それを超えると新たな投資が必要になります。そのとき「コマツが増産してほしいと言っているから、多少リスクはあっても投資しよう」と思ってもらえるか、あるいは「いざとなれば突き放される。だから、様子見しよう」と思われるかで大きな違いが出ます。

後者のように協力企業との信頼関係が希薄なら、いくら「増産する」と旗を振ってもなかなか実現しません。しかし、1点でも部品を欠いてしまえば、それがボトルネックとなって工場から製品が出てきません。逆に、協力企業との信頼関係が厚い状態なら、旗を振れば、たちどころに増産体制が整います。

コマツが好況期に業績を伸ばし、ライバルより速いペースで成長できた背景には、こうした協力企業との相互信頼がありました。

私は、こうした運命共同体的な相互信頼は、世界全体に通用する普遍的なものだと思っています。中国ビジネスを取り上げた第1章で、「中国でも、現地の部品メーカーを巻き込んで、中国版みどり会をつくりたい」と書きましたが、コマツ発祥の地の北陸で築いた協力企業との関係を世界各地の部品メーカーとのあいだでも実現することが、私たちの大きな目標です。

基幹部品は国内で集中生産する

コマツの生産は、「需要のあるところでつくる」が原則です。中国で需要が増えれば、中国に工場をつくり、ロシアの需要が期待できそうなら、ロシアで生産します。逆にいえば、たとえば人件費が安いからといって、ある国で集中的に生産し、そこから輸出するような戦略はとりません。

ただし、この原則にはひとつだけ例外があります。私たちが「Aコンポ」と呼んでいる基幹部品は、国内工場で一手に生産していることはすでにお話ししました。粟津では、トランスミッションを集中生産しています。「円高もあって、キーコンポーネントの日本からの輸出はきついのでは?」といわれることもありますが、そんなことはありません。

たとえば、新型トランスミッションでは、同じ性能のものが10年前に比べて20~30%軽量化しています。機械部品のコストはおおよそ重量に比例するので、コストもやはり2~3割下がって

「需要のあるところでつくる」が原則だが、
基幹部品だけは国内工場で一手に生産する

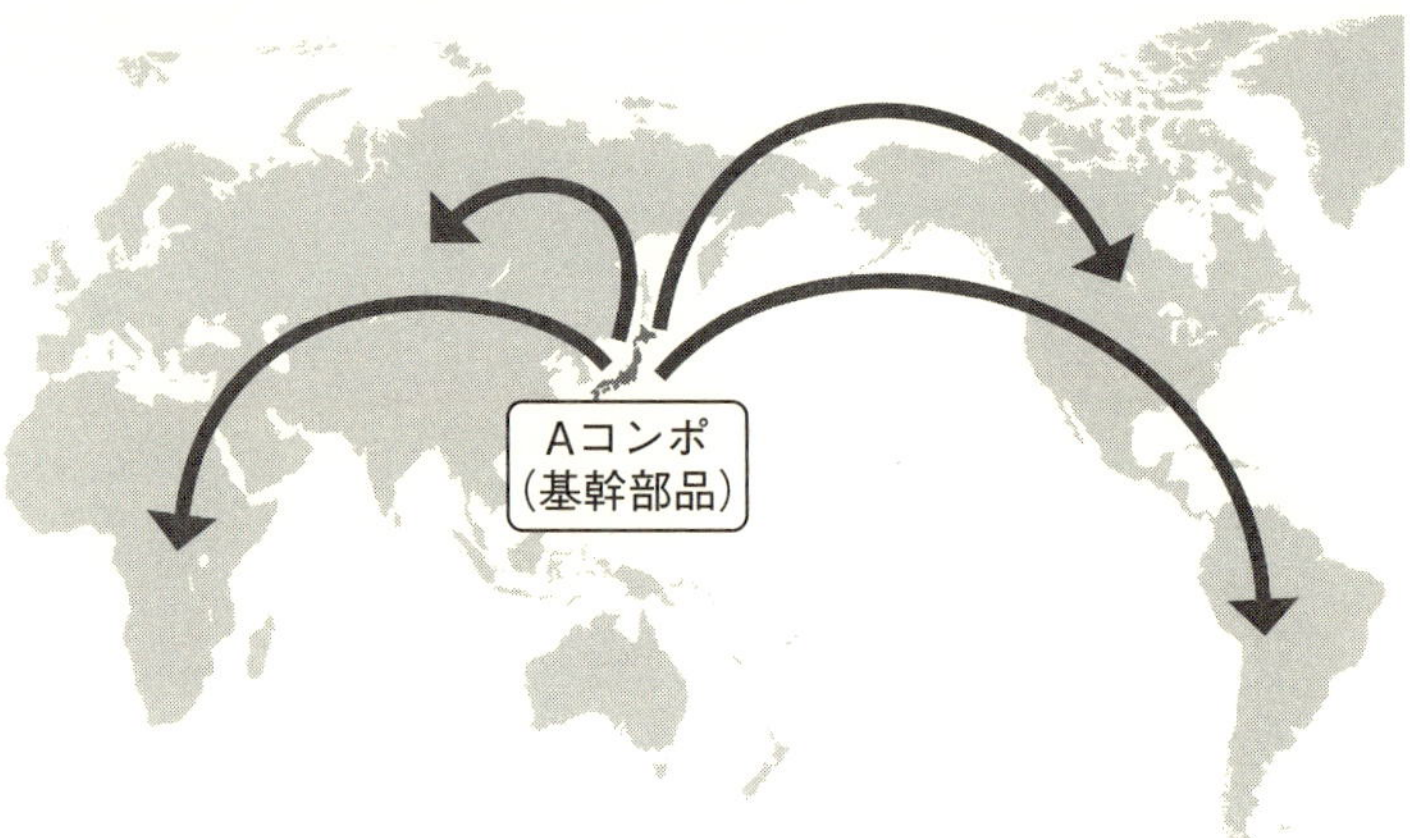

いるのです。粟津には生産部門のほかに、新型トランスミッションを開発する部門もあります。生産と開発の現場がごく近くにいて、毎日のように顔を合わせながら仕事をしているからこそ、新型トランスミッションの軽量化のようなイノベーションが実現するわけです。

「開発は日本に残すが、生産は人件費の安い新興国で」といった役割分担をすれば、開発と生産の距離が拡大し、いままでのようなペースで技術革新を生み出すことができなくなるでしょう。単に社内の連携だけでなく、社外のネットワークも重要です。部品を軽量化するには素材の改良がカギとなりますが、その点で日本には、頼りになる専門メーカーがたくさんあります。こうした強みが失われない限り、中核部品の国内集中生産の方針を変更するつもりはありません。

あるいは、油圧ショベルの部品に「油圧コントロールバルブ」という部品があります。油圧ショベルの製品力を決めるポイントは、巨大なアーム（腕）があたかも人間の腕のように滑らかに動いて、土を削ったりする作業をスムーズに進められるかどうかにあるのですが、このコントロールバルブの出来が悪いと、アームがロボットのようにぎくしゃくした動きになり、工事がスムーズに進まないのです。このコントロールバルブも、コマツは国内で集中生産しています。

ついでにいえば、コントロールバルブは、日本企業がほぼ独占的に生産し、世界の建設機械メーカーに供給しています。主な企業はコマツを含め3社ありますが、最近台頭してきた韓国メーカーや中国メーカーも、油圧ショベルのコントロールバルブに関しては日本製の部品を輸入して、自社製品に組み込んでいるのです。円高などの逆風で、日本のものづくりの衰退がいわれていますが、こうした実例に触れると日本の製造業の底力がわかっていただけるでしょう。

マザー工場とチャイルド工場

一方、製品の組み立てについては「マザー工場制」を導入しました。

たとえば、当社の主力製品である油圧ショベルの「ＰＣ２００」という機種は世界９工場で生産していますが、そのマザー工場は、日本の大阪工場（大阪府枚方市）です。また、粟津工場はホイールローダーなどのマザー工場になっており、同じ機種を生産するアメリカ、ブラジル、中国、ドイツの４工場がその「チャイルド工場」になっています。

こうしたマザー工場は、海外で同じ機種を生産する際、そのＱＣＤ（品質・コスト・納期）に責任を持たなければなりません。新たな機種を海外工場で立ち上げるときは、設備導入から、原価管理、在庫管理に至るまで、マザー工場のエンジニアが現地に出張を繰り返して面倒をみます。また、出張までしなくても、各マザー工場には、海外拠点と結ばれたテレビ会議のシステムがあり、話し合いができます。各工場長の業績評価には、自分の工場だけでなく、海外のチャイルド工場のパフォーマンスも加味することにしました。

この制度を始めたことで、エンジニア同士のグローバルな交流が進み、各技術者の視点が世界に広がるようになりました。各拠点の細かな技術情報を共有することで、互いに互いが何をしているかもわかるようになり、情報の風通しもたいへんよくなりました。

また、マザー工場は、日本の工場だけとは限りません。たとえば、鉱山の採掘現場で活躍する超大型のダンプトラックは、アメリカのピオリア工場（イリノイ州）がマザー工場です。このダンプトラックはタイヤの直径が約4メートル、運転席には階段で上るという巨大なものですが、もともとコマツでは手がけていなかったタイプの機種で、アメリカの合弁パートナーから譲り受けたものです。そうした経緯もあり、いまでもアメリカ中心の体制です。同様の理由で、大型の鉱山用油圧ショベルのマザー工場はドイツにあります。

この原稿を書いている時点で、リーマンショックから2年が経過しましたが、建設機械市場全体は、まだリーマンショック以前の状態には戻っていません。リーマンショック以前、主要7建設機械の世界需要は年間33万台ありましたが、２０１０年度の予測は29万台で、以前のほぼ9割弱の水準です。自動車や家電は各国が購入補助金を出すなどして、人為的に需要を喚起しましたが、建設機械にはそんなカンフル剤はありません。それでも9割まで戻ってきました。今後数年は2桁成長が続くと見ていますので、リーマンショック以前の水準に戻るのもそう遠くないと考えています。

予想以上に回復が遅れているのは、アメリカ市場です。以前は年間6万~7万台だった市場規模も、2010年は3万台程度で足踏みしています。アメリカの建設機械需要のかなりの部分は、宅地を造成するための土地整備に使われますが、バブルの原点だった住宅のストック調整がまだ終わらず、宅地造成がストップした状態が続いています。しかし、本来は、毎年人口が増え続けている、成長ポテンシャルのある国です。建設機械販売の回復ペースが上昇傾向にあることから、2011年はかなり期待できると見ています。

日々新たに生まれる投資機会

さて、この章を締めくくるにあたり、なぜ世界ではしょうこりもなくバブルが発生し、それが潰れるということが繰り返されるのかについて、私の考えを書いておきましょう。

私たち日本人にとってバブルといえば、1980年代末の不動産・株式バブルが思い出されます。あのときは資産価格が跳ね上がるだけではなく、実体経済も異常なまでの活況を呈し、日本一国で世界の建設機械市場の4割を占めていました。

その後も20世紀末にはアメリカを中心としたITバブル、そしてリーマンショックをもたらしたアメリカの不動産バブルと続きます。私見では、経済が発展し、個人にとっての住宅や耐久消費財が充足し、社会的にもさまざまなインフラが整備されてくると、「ここにおカネを使いたい」という対象が減ってきます。そこで経済全体でカネ余りという事態が発生し、その余ったカネが行き場を求めて不動産市場に流れ込めば不動産バブルが発生するし、株式に流れ込めば、株式バブルになるのだろうと思います。

この状態は、おそらく先進国といわれる日米欧では似たりよったりだと思います。少子化の進む日本は、人口が増え続けているアメリカに比べて需要不足はよりきついのですが、「投資機会の欠如」という課題は先進国全体に共通し、それがバブルの発生源になっているというのが私の見方です。

では、「投資機会の欠如」がそう簡単に解消できない以上、今後も形を変えてバブルは生まれ続けるのでしょうか。

私は、この点についてやや楽観的です。確かに日米欧では投資機会は減っていますが、中国やインドでは日々新たな「投資機会」が生まれています。道路をつくったり、鉄道をつくったり、というニーズは非常に大きく、さらに投資に対して大きなリターンが見込めます。

たとえば、インドのデリーとムンバイという二大都市（日本でいえば東京・大阪に相当）を結ぶ鉄道では、くねくねと曲がった線路の上を貨物列車が平均時速20キロで走っているということです。ここに巨額の投資で鉄道の高速化、旅客路線と貨物路線の専用軌道化などを実現すれば、インド経済の大発展という非常に大きなリターンが手に入るでしょう。日本の高度成長に東海道新幹線が果たした役割を思い出してください。

あるいは中国で進む都市化の動きです。中国政府は、2010年に策定した新5カ年計画にも明記したように、農村部の都市化を非常に活発に進めています。広い国土のあちこちに民家が点在しているような現状のままでは、近代化がままならない。それぞれの集落まで電力や上下水道、道路などのインフラを整備するとなれば、莫大な費用と時間がかかるからです。

そこで、人口10万人ぐらいから50万人くらいの都市を整備し、そこに高層マンションを建て、病院や学校やショッピング設備を整備する計画があちこちであります。周辺の農民にただでマンションを与えて都市に移り住んでもらい、彼らの持っていた土地は工業団地や農地にするなどして再活用するというものです。

このように日米欧が成熟する一方、幸いにも中国やインドなどで新たな投資機会が現れてきたというのが、いまの世界経済の姿だと思います。インフラ整備や都市化を進めるとなれば、そこで建設機械の出番も生まれます。また大量の鉄やセメントを消費するので、鉄鉱石や石炭、石灰石の資源開発が活発になり、そこでもまた建設機械や鉱山機械の需要が生まれるはずです。

「パニック」と呼ばれたリーマンショックの渦中でも、私はいたずらに悲観論に傾くことを自分に戒(いまし)めてきました。この章の冒頭で紹介した新聞記事でも「中国需要の持ち直しで、春先には環境が好転しているかもしれない」と述べており、やや時差はあったもののの実際にそのとおりになったのです。

やたらと理屈を振り回す必要はありませんが、世界経済の底流を貫く大きな流れを自分なりに整理して、アタマに入れておく必要があります。そうすることによってリーマンショックのようなメガトン級の激変を前にしても、パニックに陥ることなく、腹を決めて対応できるようになるのです。

［第4章］

日本企業の強みと弱み

――アメリカで学んだこと――

アメリカ駐在で見えてきた日本企業の強みと弱み

私が「企業経営」について真剣に考えるようになったのは、2度のアメリカ駐在が大きなきっかけでした。なかでも1991年1月から3年半、シカゴに駐在したときの経験が重要でした。

このときのアメリカ赴任は忘れもしません。シカゴのオヘア空港に降り立つと、レストランには人っ子ひとりいませんでした。「いったい、どうしたんですか」と店の人に尋ねると、「お前は何も知らないのか」と言ってテレビをつけてくれました。画面に映ったのは、爆撃されるバグダッドの街並みや戦争開始を告げるブッシュ（父）大統領の姿です。飛行機に乗っているあいだに湾岸戦争が始まっていたのです。

このときの私のミッションは、コマツが現地企業と合弁で設立したコマツドレッサー（KDC）社の立て直しでした。ドレッサー社は、もともと石油掘削機械のメーカーでしたが、経営不振に陥ったインターナショナル・ハーベスター社から建設機械部門を買い取り、建設機械事業に進出しました。しかし、いざ買収しても、建設機械事業はなかなか軌道に乗りません。そこで、アメリカ市場での基盤強化を進めていたコマツに「一緒にやろう」という話があり、コマツもそれを受け入れたのです。

当時のコマツは、1985年のプラザ合意後の円高を機に、テネシー州のチャタヌーガというところに工場を持ち、すでに現地生産を始めていました。そのため、このチャタヌーガ工場を含めたこれまでのアメリカ事業をKDC社に集約するかたちで、アメリカ事業の再スタートを切ったのです。

私が赴任したとき、KDC社は出資比率が50対50の合弁会社でした。しかし、ドレッサー社の人員が3500人、コマツは700人で、人員の比率どおりアメリカ流の経営がなされていました。私の上司としてアメリカ人のCEOがおり、私はKDC社のCOO（最高執行責任者）として彼をサポートする立場でした。

折からの不況と、合弁後、まだ商品と販売網が一本化できていないことにより、KDC社は毎年100億円を超える赤字を出していました。工場を閉鎖したり、人員削減をしたりするなど、背水の陣でリストラに取り組みましたが、このときの経験は私に大きな影響を与えました。

企業文化も経営のあり方も、コマツとはまったく違う会社のCOOを務めることで、それまで見えていなかった日本企業の強みと弱み、あるいは合理性と非合理性がはっきりわかるようになりました。経営者としての基本的なモノの見方、座標軸のようなものが固まったといっても言いすぎではありません。もしこれが、海外勤務であっても100％子会社への駐在だったら、こうはいかなかっただろうと思います。合弁企業で異なる企業文化に触れたのは、非常に貴重な体験でした。

説明することの大切さ

ＫＤＣ社の再建でまず取り組んだのは、工場のリストラです。

ＫＤＣ社には、コマツがつくったチャタヌーガ工場のほかに、ドレッサー社から引き継いだ５つの工場があり、主力工場はＵＡＷ（全米自動車労組）の傘下にありました。しかし、当時のアメリカでは、「ＵＡＷといえば、泣く子も黙る」というくらい怖い存在でした。そのＵＡＷとも、対峙することになりました。

６つの工場を持つＫＤＣ社は、販売の実力からいっても明らかに生産能力が過剰でした。さらに、製造コストを分析すると、コマツの工場として出発したチャタヌーガ工場に比べ、旧ドレッサー社の５工場は生産コストがかなり割高でした。

また、ひとつの会社になったとはいえ、商品ラインナップや販売網は、コマツと旧ドレッサー社の二本立てのままになっていました。合弁効果は１＋１＝２どころか、１・２か１・３程度のものだったのです。製品数の削減や代理店の統合、生産拠点を集約するリストラが、KDC社経営陣の待ったなしの課題でした。

COOの私は、旧ドレッサー社の2工場の閉鎖と生産機種の絞り込みを提案しました。そのとき「これがアメリカというものか」と思ったのは、閉鎖対象の工場の従業員に、具体的な製造コストの数字などを示して、「残念ながらこの工場を閉めないといけない。理由はかくかくしかじかである」と理詰めで説明すると、UAWも含めた指導者レベルの人たちは、私たち日本人の感覚からすると意外なほどすんなり納得してくれたことです。経営者の卵として、説明責任の重要性を痛感すると同時に、「日本のようにウェットな反応はなく、何事も論理で割り切る社会がアメリカなのだ」と感じ入ったものです。

とはいえ、ひとたび閉鎖が決まれば、あとは退職金の水準など、条件交渉を粛々と進めるだけなのですが、リストラの対象となった人たちからの訴訟もあり、苦労しました。

アメリカ企業の弱点

一方、存続が決まっていたチャタヌーガ工場でも、生産調整は避けられない情勢でした。そこで会社側として「給料を3割カットして、5カ月間休業する」と提案をしました。そして、景気後退が終わった時点で、工場を再稼働したのです。いかにも日本的な対応ですが、解雇を避けたことで、従業員と会社とのあいだに信頼関係を築くことができたと思います。

アメリカでは、人員削減が避けられないときは「新しく入ってきた人から順にレイオフ（一時解雇）する」というのが一種のルールで、先任者の権利が手厚く守られています。しかし、コマツはあえてその考えをとらずに、いまでいうワークシェアリング、つまり「全員が痛みを分かち合う」という日本流の施策を実施しました。社員は5カ月間、工場にペンキを塗るだけでなく、地元の学校などにも出向いてペンキ塗りをこなしたのです。

実はこのとき、州政府から雇用確保のための補助金が支給され、従業員の給料の8割以上は確保されていました。しかし、古手社員には、コマツのやり方に対する違和感も強かったのです。工場の従業員を集めて開いた集会では、「新しく入った人をレイオフすればいいじゃないか」「古手社員のわれわれまで給料を下げられるのはおかしい」といった声が飛び出しました。

それに対して、私が打ち出したのが「セーム・ボート」論です。「私たちは、このチャタヌーガ工場という同じボートの乗組員だ。確かに、他のKDCの工場はリストラをしたが、あれはもともと合弁相手の工場だった。だが、チャタヌーガは違う。みんなで苦楽をともにするというコマツのやり方で運営するのだ」と演説しました。

この話をしたとき、会場に満場の拍手が起こりました。自ら英語をしゃべったことで、従業員たちとのコミュニケーションに成功したのです。このときは、従業員たちの前で何を話すか、自分で英語の草稿を書いてネイティブのチェックを受けるなど万全を期しました。スピーチには「肝心かなめ」の言い回しが存在するからです。

ただ、いまから振り返ると、日本流の「レイオフしない」という原則を持ち込んだことが本当によかったのかどうか、迷います。というのも、その後、チャタヌーガの生産能力増強にためらいが生じたのです。「増産のために大量の人員を雇い、その後不況が来たら、どうしよう。日本流が根づいたチャタヌーガでレイオフを実施できるだろうか」「あのとき、アメリカ流にレイオフしていたほうが、その後のチャタヌーガ工場や同地の地域経済の発展につながったかもしれない」と、ときどき思います。

さて、こうしてアメリカの製造現場を飛び回るうちに、さまざまな経験を通じて、ひとつのことを痛感するようになりました。それは、「ものづくりにおける日本の力は突き抜けており、アメリカとは比べものにならない」ということです。私は生産技術の専門家でもなんでもありませんが、これは間違いありません。おごりで言うのではなく、しっかりした裏づけのある話です。

たとえば、こんなことがありました。この時期に付き合ったアメリカ人のなかで、最も優秀だと思ったひとりがデトロイト・ディーゼル社のペンスケ会長です。非常に指導力に富んだ人で、まさにリーダーと呼ぶにふさわしい人物でした。そんな彼が「どんな優秀な経営者でも、ＱＣＤ

の問題は解決できない」と半ばあきらめ顔で言ったときには本当に驚きました。

品質（Quality）、コスト（Cost）、納期（Delivery）の頭文字をとったＱＣＤは、製造業の基本中の基本ですが、いくら上から指示を出しても、ＱＣＤにはあまり効き目がないというのです。現場がやる気を出して、ボトムアップで積み上げていかない限り、ＱＣＤの優れた工場というのは実現しないのです。「これがアメリカ企業の弱点だ」と改めて認識したものです。

生産技術者だけは現地化できない

そういえば、こんなこともありました。コマツでは、海外事業にはできるだけ現地の人材を登用し、日本人をわざわざ派遣しなくてもいいという体制を目指しています。経営者からエンジニア、営業担当者まで、あらゆる職種で現地の人材を登用し育成するというのが、私たちの大きな目標です。

しかし、例外的に、特に欧米で「現地化するのは、まず無理だな」と感じるのが生産技術者です。私は、ＫＤＣ社をはじめ、アメリカの工場の工場長たちを何人も見てきましたが、これは難しいと思います。

コマツと合弁会社をつくっている大手ディーゼルエンジン・メーカー、カミンズエンジン社が設計したエンジンを、日本とアメリカの工場で同時につくりはじめたときのことです。日本もアメリカも、まったく同じ図面のエンジンを、まったく同じ工場のレイアウトでつくりはじめたので、ほとんど差はなかったのですが、それは最初のころだけでした。5年も経つと、ものすごい品質レベルの差が出てきます。

というのも、日本の工場では、日進月歩といいますか、日々「カイゼン」を重ね、5年も経つと、機械設備から現場の工員が使うひとつひとつの工具に至るまで、その様相が一変しているのです。ところが、アメリカの工場はほとんど変わっていませんでした。それが、大きな差となって出てくるわけです。

そこで私は、カミンズエンジン社のトップに「高い給料を払ってもいいから、開発部門にいる最優秀のエンジニアを工場長にして、カイゼンに取り組んでほしい」と要望しました。しかし、数カ月後にそのトップに会うと「うまくいかなかった」と言うのです。

アメリカの技術者の世界には、冷房の効いた開発ルームで新しい機械の図面を引く設計技術者のほうが、工場で汗を流す生産技術者よりもステータスが上、という独特の序列感覚があるのです。そのため、生産技術者を現地で育てることには限界がありました。日本でじっくり育て、世界の工場に送り込むのが早道だと考えています。

日本でもエンジニアの世界では、開発と生産の違いはありますが、「どちらが上」という感覚はあまりありません。コマツの場合は、役員の数でも、技術系のなかでは開発出身と生産出身とがほぼ拮抗しています。

日米比較では1ドル70円でも負けない

もうひとつ日本とアメリカを比較すると、これは技術者だけに限りませんが、日本人は「計画を変更すること」「変更されること」に対して抵抗感が少なく、それを柔軟に受け止め、対応することが得意です。一方、アメリカ人は、物事が計画どおりに進むときに無類の強さを発揮するように思います。

具体的な例で説明しましょう。たとえば、数年前に世界中で鋼材が不足し、手に入りにくくなったことがありました。一方で建設機械の需要は旺盛で、当初の計画より上ぶれしがちでした。そこで私たちは当初決めた計画をいったん忘れて、日々の販売・生産管理で対応しました。無秩序といえば無秩序ですが、日々の突発事態、予想しなかった事態について器用に対応するのが日本人は得意です。

2010年の春先も、中国の建設機械需要が予想以上に伸びて、現地生産だけでは対応できず、日本の大阪工場から完成車を急遽、輸出して「品不足」を補いました。これなども当初の計画にまったくなかった事態ですが、「いざ必要」となれば、現場が力を合わせてやり遂げるのです。

おそらくアメリカで同じようなことが起これば、相当の混乱が生じていたはずです。

こういうことを総合的に考えていくと、日本の工場というのは、生産性が高く、本当に優秀です。コマツの社内では、為替が1ドル何円になれば、日本の工場とアメリカの工場のコストが逆転するかということをいつも試算していますが、現時点でいえば、均衡点は1ドル70円ぐらいです。急激な円高に悲鳴を上げている日本企業が多いのですが、コマツではいまなお日米の生産コストは逆転していません。

しかし、ここでも日米の違いがあります。日本では、コストというと「総原価方式」が一般的ですが、コマツではアメリカで学んだ変動コストのみでの比較をしています。

さらに、日本の組織の特徴はミドルが強いことです。課長などの中間管理職が優秀で、しっかりと組織を回します。政治のリーダーシップが欠如していても、中央官庁がこれまで日本を引っ張ってこられたのは、官僚というミドルの強さがあったからです。

コマツでも、とりわけ生産部門で、ミドルが強かったのです。余談になりますが、日産自動車のカルロス・ゴーン社長が書いた本『ルネッサンス』で、コマツについて触れている箇所があります。大意はおおむね次のとおりです。「ミシュランにいた1984年、初めての訪日でコマツの組立現場を見せてもらった。特に印象に残ったことのひとつは、会議中、話をしたのが主に若手社員だったことだ。ボスが話し、他の人たちはほとんど口をはさまないフランスの会議と正反対だった。……私はコマツで目にしたことに感銘を受けて帰国した」。

私はこれに注目して、ゴーンさんのある講演会に出席したとき、直接、聞いたことがあります。「ゴーンさんがあのときに『若手社員』と思ったのは、実は、課長クラスの中間管理職です。日本というのは課長が非常に強く、いろいろなことを考えています。トップダウンも大事ですが、この強さを維持しない限り、会社は強くならないと思います。日産はどうなっていますか」

これに対してゴーンさんは、「そうは言うが、やはり日本はトップダウンが足りない。しかし、ルノーに対してはミドルの強さを何とか移植したいと思っています」というお答えでした。さすがゴーンさんならではのうまいお答えだと思いました。トップダウンが強すぎるあまり、現場の創意工夫や自信が失われるようでは、製造業として力を発揮できません。

これが、アメリカ駐在で得た私なりの確信です。

仕事のやり方を標準化する

一方で、アメリカで仕事をするうちに日本企業のおかしなところも、はっきりわかるようになりました。そのひとつが、行き過ぎた「自前主義」です。何でもかんでも自分で一からつくらないと気が済まないのです。しかし、それは、必然的に高コスト体質につながります。このことを痛感したのは、ＩＣＴシステムについてでした。

アメリカの企業は、業務用のＩＣＴシステムに汎用ソフトを入れて、多少カスタマイズしているだけですから、新入社員でもすぐに使えるようになります。また、一度覚えると、転職しても転職した先の会社で使えるので、システムを習熟するインセンティブが働きます。

ところが、当時のコマツもそうでしたが、日本企業は、給料計算にしても生産管理にしても、すべて自社専用のソフトやシステムを使いたがります。要するに、仕事のやり方を変えずに、そのままシステムに乗せようとするのです。

ですから、開発コストがかかるうえ、新しい社員が入ったときにはその都度、システム部門の社員がやってきて、手取り足取り教えなければなりません。アメリカのように労働市場の流動性が高い国では、致命的です。コマツの合弁相手のドレッサー社は、外部の業務ソフトを導入していたので、このような手間はかかりませんでした。コマツとドレッサー社のやり方のどちらが賢明かは、疑問の余地がありません。「われわれは、なんと無駄なことをやってきたんだろう」というのが、このときの実感でした。

そこで、東京に帰任した１９９５年、常務だった私は、当時の安崎社長に進言し、コマツ全体のＩＣＴシステムをグローバルスタンダードに近いものに変えるよう提案したのです。それまで長年にわたり自前主義で進めてきた、全社の末端まで大規模に拡大したシステムを変えるのは、たいへんな決断だったと思いますが、決断の速い安崎社長はこの大プロジェクトの指令を出しました。

そのころ、オランダのＢＡＡＮというソフト会社から「製造業向けのＥＲＰ（統合基幹業務システム）を開発しているが、それをコマツに導入してもらうことでシステムとして完成させたい。ぜひ協力してくれないか」という申し出がありました。ＥＲＰは社内のカネの流れやモノの流れなどを一括して管理する重要なシステムです。

社内では、それまで慣れ親しんだ自前のシステムからパッケージソフトに仕事のやり方を合わせていくことに相当の抵抗がありましたが、強力なトップダウンで開始されました。

このとき、システム変更の実務の責任者として起用されたのが、コマツ現社長の野路さんです。当時、彼はアメリカ・テネシー州のチャタヌーガ工場長だったのですが、急遽、日本に呼び戻して、システムづくりにあたってもらいました。

その後、コマツでは、「定型的な仕事は外部の汎用システムを使い、競争力に密接にかかわる部分だけは独自のシステムを開発する」という仕分けをすることに決めました。たとえば、ＣＡＤソフトはＰｒｏ／Ｅという汎用のシステムを使っています。

２０００年にはコマツソフトというシステム開発のための子会社を、ＴＩＳ社というＩＴ専門企業に売却しました。自前主義の呪縛から解き放たれたことで、自社のシステム開発のために大量の開発要員を抱え込んでおく必要がなくなったのです。

ＩＣＴで無駄をなくす

このＩＣＴシステムというのは「縁の下の力持ち」のような存在で、実はコマツの競争力向上やコスト低減に大いに威力を発揮しています。

たとえば、「Bill of Materials」の頭文字をとって「ＢＯＭ」（ボム）と呼んでいる仕組みがあります。これは、建設機械1台あたり数万点の部品それぞれに番号をつけ、管理するための仕組みです。これまでは、工場ごとに別々のＢＯＭを持っており、コミュニケーションをとるのに非常に時間がかかりましたが、いまではすべての工場のＢＯＭを共通化しています。これにより、世界中の工場の部品管理が一元化され、新型の建設機械の生産立ち上げなどが非常にスムーズにいくようになりました。

これまでは、日本で、ある製品をモデルチェンジすると、アメリカでのモデルチェンジは、それから1年ぐらいかかる、というのが常識でした。しかし、いまでは、ほぼ同時にモデルチェンジができます。こんな「世界同時立ち上げ」ができるようになったのには、ＢＯＭを世界中の工場で共通化したことが大きく寄与しています。

ＩＣＴシステムを工夫することで、コストダウンにもつながります。

皆さんには同じもののように見えるかもしれませんが、建設機械には実に多種多様なスペックがあります。クーラーがついているかどうか、シートやサスペンションの仕様はどうなっているか、キャビンは密閉式か開放型か、などなど書き出せばきりがありません。しかし、大量に売れる仕様というのは、いくつかの少数の仕様に限定されており、いわゆるロングテールで（長期間にわたって少量ずつ売れていくが）「売れても年間に数台」といった仕様がほかに非常にたくさんあるわけです。

１９９０年代半ばのことだったと思いますが、社内のある会議で私は、「仕様パターンを限定しろ」と指示を出しました。営業部門は当然、反対します。「仕様を減らせば、お客様がライバルメーカーに流れるかもしれない」と言います。

私が会議でこんなことを言い出したのには、ある伏線がありました。実はその直前、たまたまトヨタ自動車の販売店で、そのお店の営業担当者と話す機会があったのです。私の妻があるモデルを気に入り、「このクルマで革張りシートのバージョンはないんですか」と営業担当者に聞くと、「革張りがあるのは、もうひとまわりエンジンサイズが大きい高級クラスです」と答えました。隣でそれを聞いていた私は、「これだ」と膝を打ちました。

「お客様が第一」のトヨタでさえ、ありとあらゆる仕様をそろえているわけではない。高級な革張りシートを選択できるのは、一定のサイズ以上の大型車のみと決めていたのです。

その会議で私は、この話をして、営業部門の抵抗を押し切りました。モデル数の圧縮という方針が決まれば、あとはＩＣＴがやってくれます。「このパターンの建設機械しか生産しない」「販売しない」とＩＣＴシステムに登録しておけば、その翌日から、それ以外の仕様パターンはなくなります。

ところで、仕様を減らしたことで、お客様はライバル社に流れたのでしょうか。おそらく、そんな事例はあったとしてもほんのわずかでしょう。それよりも、仕様パターン削減による固定費圧縮効果のほうがはるかに大きかったと思います。

コムトラックス――建設機械へのＩＣＴ活用

ここで、コマツ全体でＩＣＴをどう活用しているかについても触れてみましょう。

第1章でも触れましたが、コマツの建設機械には「コムトラックス」という装置が標準装備されています。このシステムには、衛星で居場所を特定できるＧＰＳ機能があるほか、エンジンコントローラーやポンプコントローラーから情報を集めることで、その機械がいまどこにいて、稼働中か休止中か、燃料の残量はどのくらいかといった情報を取得し、通信機能を使ってコマツのセンターにデータを送ってくる仕組みになっています。

全世界から集まった情報を見ていると、たとえば、「上海のお客さんがたくさん建設機械を買ってくれているけど、すでに稼働している建設機械は内陸部のほうに移動しているな」とか、「水害が起きたフロリダに、近隣州にあった建設機械が一斉に移動しつつあるな」とか、いろいろ興味深いことがわかるのです。

振り返れば１９９０年、開発本部内に建設機械研究所をつくったころが、ＩＣＴに舵を切る原点でした。

１９９０年代終わりごろの日本では、建設機械の盗難が意外と多く、大胆にも盗んだ建設機械を使ってＡＴＭ（現金自動預け払い機）をまるごと奪っていく事件が起きていました。その対策にもなるというのが、コムトラックスを開発した動機でした。建設機械が盗まれても、手元のパソコンの画面を見れば、いまどこにあるか、その居場所がわかるうえに、システムによる遠隔操作でエンジンにロックをかけることもできます。実際、コムトラックスを装備した建設機械を盗むのは盗難団も敬遠するらしく、いまでは盗難保険の保険料も、コムトラックスを装備していない他の建設機械と比べて少し割安だと聞きます。

コムトラックスを実用化した当初は「オプション装備」ということで、お客様に費用を負担してもらっていました。1台あたり15万円程度だったと思います。

このシステムを真っ先に評価してくれたのは、福島県の建設機械のレンタル会社です。コムトラックスは建設機械にかかわるさまざまな情報を集約しているので、レンタル会社の側でもパソコン画面を見ていれば、「この機械はそろそろ部品の交換が必要だな」といった情報が一目でわかります。レンタル会社が燃料補給に向かう際にも、それぞれの建設機械の燃料の残量をコムトラックスで把握できるので、補給の順番や経路を効率的に選ぶことができます。

標準装備への決断

しかし、レンタル会社からは高く評価してもらったコムトラックスですが、一般ユーザーへの導入はなかなか進みませんでした。やはり15万円というオプション価格に抵抗があったのでしょう。

そこで私は、社長に就任した2001年、「利益率が多少悪くなっても目をつぶるから、コマツの負担でコムトラックスを標準装備にしよう」と決断しました。福島のレンタル会社の事例などを通して、このシステムを使えば、建設機械の稼働状況など、これまで見えていなかったものが「見える化」できると気づいたからです。すなわち、「お客様のため」と思うのではなく、「われわれメーカーのため」と割り切ることにしたのです。

建設機械が稼働しているかどうかは、建設機械市場の先行きを占ううえでも大きな判断材料となります。２００４年に金融引き締めで中国市場が大幅に落ち込んだとき、コムトラックスの情報が大いに威力を発揮し、すばやい対応をとることができたのは先に述べたとおりです。コムトラックス搭載車は、いまでは世界で約20万台に達しており、それを通じて時々刻々と集まる情報は、コマツにとっての貴重な資産です。

さらに、実際に使ってもらったお客様からも、高い評価をいただいています。

最も反響が大きかった市場のひとつが、中国です。中国では、建設機械のオーナーが携帯電話で、自分が所有する車両の稼働状況や燃料の残量などの情報を見ることができます。あるお客様が20台の建設機械を所有していて、そのうち10台でそういうことができれば、残りの10台もコマツ製に切り替えたいという話になります。顧客を囲い込むうえで、コムトラックスは強力な武器になりました。

データというかたちで「見える化」する

ちなみに、経営にとっても「データ」は非常に重要なものです。私がコムトラックスの標準装備化を決断した背景には、カネでは買えない、データのかけがえのなさを皮膚感覚で知っていたこともあったと思います。

少し昔の話になりますが、1970年代前半、まだ若手社員だった私は、品質向上プロジェクトの一環として、ブルドーザーの修理コストの調査を命じられました。同じ年ごろの仲間数人とチームを組み、約1カ月間、中国地方や九州地方のユーザーを次々と訪ねて回りました。お客様にブルドーザーの稼働日報を見せてもらい、補修の頻度やかかった費用を細かくチェックするのです。色あせた昔の日報を来る日も来る日もめくり、古い文献を調べる古文書学者にでもなった気分でしたが、そのなかから貴重なデータが集まりました。

たとえば、ブルドーザーの補修コストは思ったより高く、1万時間稼働させるには、新車価格の80%相当の修理費が必要だという事実が判明しました。とりわけ足回り部品の修理費が高く、その部分の耐久性を引き上げれば、修理コストを大幅に引き下げることができます。

長年、建設機械で商売をしていながら、当時のコマツは、こんな基本的なこともデータとしてきっちり把握していなかったのです（感覚的にはわかっていたのかもしれませんが）。逆に、データさえしっかりしていれば、「何をすべきか」がおのずと浮かび上がります。すなわち、このケースでは、足回り部品の耐久性を強化することです。

私も参加したこのプロジェクトは「Ⓑ活動」と呼ばれ、コマツの建設機械が海外でも通用するように品質や耐久性を引き上げることがその目的でした。その後「Ⓑ活動」は大きな成果をあげ、コマツが海外市場に飛躍するきっかけにもなりましたが、その裏側にはこうした地道なデータの収集があったのです。

コムトラックスもこれと同じです。継続的なデータ収集は、競争上の優位性になるはずです。営業サービス部門には、「コムトラックスのデータを使って、お客様にどんな提案ができるかを考えろ」といつも発破をかけています。

新しいサービスを可能にするＩＣＴ

ダンプトラックの無人運行システムについても書いておきましょう。

コマツが手がけるダンプトラックは、一般道を走っているものではなく、最も大きいものでは積載量３００トンというような巨大なダンプです。タイヤだけでも直径４メートルくらいで、運転席には階段を上らないといけない代物です。もちろん一般道を走るためではなく、鉱山の採掘現場で掘り出した石炭や鉄鉱石を運び出すために使われています。

このダンプトラックは、決められたルートを繰り返し行ったり来たりするので自立運転による無人走行に適しています。コマツは、チリとオーストラリアの２つの鉱山で、ダンプトラックの

５台の無人ダンプトラック（930E-AT）が稼働するオーストラリアの鉄鉱山。運転状況を遠隔地から制御・監視し、超大型ダンプトラックを無人で運行させることで、オペレーターの省人化に加え、最適な運転による燃料費やメンテナンス費の低減、生産性や安全性の向上などを実現させている。

無人運行を実現しました。

最初に導入したチリでは、2008年から実稼働に入り、オーストラリアでも2009年1月から動かしています。ダンプトラックは採掘現場とプラント投入口の決まった2点を往復すればよく、さしずめレールの上を走行するようなものです。しかし、実際の鉱山には鉄道を敷けないので、GPSを使った仮想レールを設定し、その上を無人のダンプトラックが行ったり来たりするのです。コムトラックスでも威力を発揮してくれたGPSに加えて、データベースや近距離無線ネットワーク技術が発達したことで、屋外を走るダンプトラックをあたかも工場内で動かすような制御が可能になりました。

24時間体制でダンプトラックを動かそうとすると、以前は1台あたり4～5人が必要でした。しかし、コマツの無人運行システムを使えば、こうした人件費をゼロにできます。つまり、コントロールセンターでダンプトラックの運行を監視する最低限の人員だけいれば済むようになるのです。また、無駄な加速をしたりブレーキを踏んだりすることもなく、常に最適な加減速で走るので、CO_2（二酸化炭素）の削減にも一役買うといった利点があります。

それに加えて大切なのは、コントロールセンターで車両の動きを監視することで、鉱山全体で何が起きているかを常に把握できることです。鉱山での労務管理は、鉱山会社にとって長年、頭痛のタネでした。ちょっとした間違いで大ケガをするのが鉱山の労働現場です。ダンプトラックが規則正しく運行することで、その周囲で働いている多くの人たちの安全性が向上します。規律正しく正確に作業することにまさる安全性はありません。

このシステムは、鉱山会社から高く評価されています。資源開発の重要性が高まっているのに加え、開発現場の「奥地化」も進んでいるからです。人里から近い、掘りやすい現場は、ほぼ掘り尽くされ、新たな鉱山を開発するには、山奥や寒冷地のような辺境に出かけていかなければなりません。そのため、省力化できるところはできるだけ省力化する。採掘現場で働く人数をなるべく減らすことが、鉱山会社にとっても切実なニーズなのです。

実は、この運行システムの核となるソフトウェアは、コマツが１９９６年に買収したアメリカのモジュラーマイニングシステムズという企業が持っていたものでした。それを基盤にして独自のシステムをつくりあげました。無人運行システムを実用化できているのは、いまのところ世界でコマツただ1社です。チリやオーストラリア以外の多くの鉱山会社からも引き合いがあります。

社内の業務系システムには汎用ソフトを使い、コストの切り下げに重きを置くけれども、コムトラックスや無人運行システムのような「他社との差別化」に直結する戦略分野では、独自の技術開発に力を入れています。ひとくちにＩＣＴといっても、その取り組み方に大きな違いがあることがおわかりいただけたと思います。

苦労したのはクルマの運転と英語

さて、1991年の2回目のアメリカ駐在から説き起こしたこの章ですが、最後に1回目のアメリカ駐在についても触れて、締めくくりにしたいと思います。

私が最初にアメリカに駐在したのは1981年からの4年間で、このときは、サンフランシスコに駐在。コマツアメリカというコマツの100%子会社でサービス関連の仕事をしました。肩書はコマツアメリカのサービス部長で、赴任当時の私は、すでに40歳に達していました。レーガン政権が発足したばかりの当時のアメリカは、先の見えない不況のなかで苦しんでいました。

このときに苦労したのは、クルマと英語です。

それまで、ブルドーザーに乗ったことはあっても、自動車の運転経験はゼロでした。しかし、アメリカでは、自動車なしでは生活できません。前任者に連れられて自動車運転免許の試験を受けましたが、案の定、不合格。「これはやばい」と思い、宿泊していたホテルの駐車場で、できなかった縦列駐車を猛特訓しました。

翌日の再試験でなんとか合格しましたが、ハンドルさばきがおぼつかないのはやむをえません。私が赴任してから1カ月後に家族がアメリカに来た折、空港まで迎えに行きましたが、誰も私のクルマに乗りたがりませんでした。

クルマの運転以上に頭が痛かったのが、英語です。私は学生時代から、英語というものが得意ではありません。大学入試のときも、英語を（ついでに国語も）早々にあきらめ、得意の数学を磨くことでやっと合格したのが実情でした。

しかし、アメリカ社会に放り込まれて「英語が苦手」などとは言っていられません。サービス部長というのは、早い話がお客様からのクレーム処理係だからです。毎朝のように全米各地の代理店から電話があります。電話のほとんどは、お客様とのあいだのトラブルで、電話の向こうでは、殺気だった相手が早口でまくし立てています。初歩の英語もおぼつかない私に対応できるわけがありません。

そこで一計を案じました。クレームの電話が入ると秘書にも同時に聞いてもらい、彼女に聞き取ってもらったうえで、後からゆっくりとした英語で説明を受けるのです。相手にどう返事するか、それを今度は自分で英作文し、相手にダイアルします。先方がそれで納得すればよし、また何事かを主張しはじめれば、やはり聞き取れないので、秘書に手伝ってもらう。以下、同じことの繰り返しです。面倒なこと、このうえありませんが、アメリカで仕事をする以上は仕方ありません。

英語については、こうした苦労をしたかいもあって、その後はある程度、上達しました。会議や講演で話す際には、自分で英作文して草稿をつくる習慣も身につきました。ある程度、年をとってから英語の世界に放り込まれた人は、英作文から入るのもひとつの道だと思います。

説明能力を高める

英語に苦戦した私ですが、そんな私のつくった和製英語が、いまもコマツのアメリカ法人で、いわば公用語として使われているというエピソードにも触れておきましょう。その言葉は「shakaku」です。漢字で書けば「車格」となります。

私が最初にアメリカに赴任したとき、傘下の代理店の方から「コマツの機械は性能のわりに値段が高い。もっと値段を下げないと売れない」と言われ続けました。しかし、私たちからすると、決してそんなことはありません。「同じ性能同士の機械を比べるなら、むしろライバル商品より安いぐらいだ」と感じていました。

しかし、そうは言っても、代理店は納得しません。自動車なら、同じ排気量のものを比べれば、どれが安く、どれが高いかの目ぼしがつくのでしょう。しかし、建設機械には、馬力や重量、押し出せる土の量などといった多種多様なスペックがあり、どの機種とどの機種の価格を比べるべきかという基準さえ、はっきりしないのです。議論は、いつも水掛け論に終わっていました。

そこで私は、いま挙げたようなスペックを数値化し、ライバルメーカーの機種も含めた各機種の「格付け」を行いました。そうしてつくった「shakaku」リストを手に代理店を回り、「同じ車格でもコマツのほうがこれだけ安い。だからもっと売れるはずだ」と発破をかけると、代理店主たちも頷いてくれました。

感覚的に「コマツ製品は安い、高い」と言い合うのは、生産的ではありません。数字を整理して、商品力を数値化（見える化）することで、多くの人に対して説得力を持つようになり、セールスの武器としても威力を発揮するのです。

企業人にとってコミュニケーション力は不可欠ですが、コミュニケーション力と、言葉を流暢に操ることは、似て非なるものです。英語が得意ではない私でも、「ぜひとも、これを相手に伝えたい」という気持ちがあり、それを伝える工夫をすれば、相手もわかってくれるのです。その結果、自分の言い出した和製英語が、アメリカで定着するまでになりました。意思疎通の能力を磨き、説明能力を高めることが何より大切だと思います。

ちなみに、次の章で紹介する「ダントツ商品」も「dantotsu」で通用しています。

［第5章］

ダントツ商品で強みを磨く

メーカーにとって商品開発が重要であることは、いうまでもありません。お客様に喜ばれる性能や品質を実現し、手ごろな価格で提供する。それができる企業は成長し、できない企業は競争から取り残される。言葉にすれば、簡単なことです。

「強みを磨く」と題したこの章では、メーカーとしての基本能力に磨きをかけるためにコマツがどんな取り組みをしているかをお話ししたいと思います。

まずは何を犠牲にするか

商品開発は平均点主義ではうまくいきません。自らの得意分野を徹底的に伸ばすことで、商品としての独自性が生まれ、ブランドの認知も進みます。そうした個性的な商品や技術を生み出すために導入したのが、「ダントツ・プロジェクト」と呼ぶ新商品開発の仕組みです。

私は、かなり昔から、コマツの商品開発のあり方について大きな疑問を感じていました。これはおそらく他の多くの日本企業にも共通する問題だと思いますが、何事も競争相手と比べたうえで、それより「少し上」を目標にするのです。

コマツでは、新商品の開発プロジェクトをスタートする際、関係部門の部課長クラスが一堂に集まって会議を開きます。私も中間管理職になって以降、たびたび出席しました。スペック（仕様）や性能、価格帯などの開発目標値を決め、そこから新製品の開発作業がスタートするというたいへん重要な集まりなのですが、たくさんの関係者が顔をそろえ、それぞれの主張をぶつけ合うので、最終的に出てくる結論は、とりたてて特徴のない、いわばカドのとれたものになってしまうのが通例でした。

たとえば、設計エンジニアが思い切って燃費をよくしたいと考えたとしても、営業部門は「その結果、コストが上がってしまったら、競合商品に売り負ける」と心配になります。そこで、「燃費は重要だが、あまり値段が上がらないように」と釘を刺します。これは、ほんの一例です。商品開発というのは「あちらを立てれば、こちらが立たず」のような二律背反的な要素がたくさんあり、間口を広げすぎて「コストも、パワーも、燃費も、低騒音も、操作性も全部よくしよう」と考えると、どれも大きな飛躍は望めません。すべての項目で従来製品より数パーセント改良するのが精一杯です。

そこで私は社長になると、営業と開発の責任者を呼んで、「いままでのような開発の仕組みでは、これまでの常識をくつがえすような突き抜けた商品は出てこない。新商品の開発にあたって、営業と開発は、まず何を犠牲にするかで合意しろ」と指示を出しました。ライバルに負けてもいいところ、あるいはライバルと同じぐらいでいいところをあらかじめ決めておき、その分、強みに磨きをかけるわけです。これまでの平均点主義から見れば、非常に大きな発想の転換でした。

前述しましたが、社長が持つ大きな権限と責任は、犠牲にするところをトップダウンで指示できることです。どこを犠牲にしていいのかを言わないと、投入資源が生まれてきません。前述したように、国内市場が縮小するなかで1台でも多く売りたくてたくさんそろえていた、日本でしか売れそうにない特殊な仕様車を半減させたのも、社長にしかできない犠牲の指示です。

ライバルが追いつけない「ダントツ商品」の開発

この方針を掛け声倒れに終わらせないようにするために導入したのが、「ダントツ・プロジェクト」という手法です。「ダントツ」という名前の名付け親は、ほかでもない私です。この言葉には限界や制約を突破して、無限のかなたに突き進んでいくような力強い響きがあり、もともと愛着のある言葉のひとつでした。「ダントツ」という音も、いかにも男性的で、建設機械メーカーの経営スローガンにぴったりだと思い、採用することにしたのです。

この言葉に奮い立ってくれたのが、開発技術陣でした。そして、その意気込みはすぐさま製造部門や協力企業にも伝わり、「こんな商品をつくってみたい」という要望や提案がどんどん上がってくるようになったのです。

「企業というものは、言葉ひとつ、スローガンひとつでここまで活性化するものなのか」というのが正直な感想でした。期待した以上の組織の変貌ぶり、手ごたえに自分でも少々びっくりした覚えがあります。逆にいえば、それまでエンジニアは「平均点主義」の枠のなかに閉じ込められて、「思い切ったことをやらせてもらえない」というストレスを溜め込んでいたのかもしれません。

ただし、「ダントツ・プロジェクト」に認定されるには複数の条件があります。まずは、「いくつかの重要な性能やスペックで、競合メーカーが数年かかっても追いつけないような際立った特徴を持つ」ということです。これが、そもそも「ダントツ商品」の定義でもあります。

もうひとつの条件は、「これまでの製品に比べて、原価を10%以上引き下げ、そのコスト余力をダントツの実現に振り向ける」ということです。さらにキーワードとして、「環境」「安全性」「ICT」を挙げています。こうした部分で大きくライバルと差をつける商品を世に出していこう、と全社に号令をかけたのです。

開発と生産の距離の近さ

ダントツ商品の条件である「原価の10％削減」は、実際にはたいへんなチャレンジです。

しかし、そのカギは、開発部門と生産部門の早い段階からのコラボレーションにありました。たとえば、油圧ショベルのマザー工場は大阪工場ですが、油圧ショベルの開発部門も、この大阪工場に拠点があります。開発本部長と生産本部長の２人がリーダーになり、二人三脚でプロジェクトを引っ張っていくことによって、大幅な原価削減が可能となるのです。

これまでは、まず開発部門が新機種を設計し、それがほぼ終わった段階で生産部門に話を持ち込み、「こういう設計の機械なら、どのくらいのコストで生産できるだろうか」と相談するのが手順でした。設計エンジニアというのは通常、あまり生産の都合を考えずに、自分がしたいように図面を引くものです。出てきた図面を見て、工場側が「こんな生産しにくいモノを持ってくるな」「この図面どおりにつくれば、コストが青天井になる」とぶつかり合うことはよくあります。

しかし、早い段階から生産部門も設計作業に参画することで、「コストを切り下げたいなら、こんな設計ではダメで、こういうふうに改めるべきだ」といった具体的な提案ができるようになります。

こうしたコラボレーションがうまくいった背景には、開発部門と生産部門が大阪工場という同じ敷地内にあり、年中、顔を合わせて議論できたことを見逃すわけにはいきません。前に触れたように、トランスミッションなどの基幹部品については、開発と生産を国内で集中的に行うことにしているのも、開発拠点と工場現場の距離が近くないとイノベーションが生まれにくくなるからです。

開発・生産一体の原則

そういえば、少し前にはこんなこともありました。

コマツは栃木県の小山（おやま）市と真岡市に工場を持っていましたが、ある時期、開発センターを小山工場に集中し、真岡工場は製造に特化することにしました。この2つの工場は同じ栃木県内にあり、クルマで30分ぐらいしか離れておらず、行こうと思えばすぐに行ける距離にありました。

ところが、このわずか30分の距離が、意外なほど大きな問題になったのです。以前なら、トラブルが起きたとき、生産現場に急行していた開発センターの技術者が足を運ばなくなってしまいました。同じ構内なら駆けつけても、30分の距離があると、面倒くさいという気分が出てきたのでしょう。そんなことが重なるうちに、互いのコミュニケーションも悪くなり、現場から「一緒にしてほしい」という声があがってきました。

結局、4年後に真岡工場のなかに新たに開発センターをつくり、この問題は解消しました。リーマンショック後に真岡の閉鎖を決めましたが、開発・生産部隊ともに茨城工場に引っ越しました。「開発・生産一体の原則」は、これからも維持し続けます。

このエピソードは、開発と生産の物理的な距離の近さがいかに大切かを、私たち経営陣も肝に銘じなければいけないと思わせる出来事でした。

機種のリストラ

ダントツ・プロジェクトを始めた背景には、私が社長になって早々に取り組んだ「構造改革」もありました。このときは、人員や子会社だけでなく、「機種のリストラ」にも踏み込みました。

それまで、建設機械のベースマシンは160機種もあり、細かな要望に合わせた付随モデルを合計すると750機種を超えていました。なかには、日本だけで売っている国内専用モデルも相当数あり、公共投資削減などの逆風もあって、いずれ日本市場が縮小していくのは目に見えていました。このように、惰性的に多くの機種を市場投入し続けるのは経営にとっていかにも効率が悪いと考え、機種数をかなり絞り込んだのです。

それに伴い当然、新規にモデルチェンジする機種数も減ってきます。構造改革が進行中だった当時、開発機種数は、それ以前のおよそ半分に減っていたと記憶しています。そこで売り上げ寄与度の大きい重点機種に焦点を当てて、人員を傾斜配分してダントツを目指したのです。

このように、さまざまな固定コストに大鉈（おおなた）を振るう一方、研究開発費はむしろ増額しました。コマツが成長力を取り戻すために、商品力の充実は「一丁目一番地」ともいえる施策だったからです。

このとき、ある製品を「ダントツ商品」の候補として認定するかどうかは、社長だった私の専権事項としました。開発プロジェクトを立ち上げる段階で、まずそのプロジェクトが、ダントツ商品候補の開発プロジェクトかどうかを認定します。認定されれば、開発予算や人員の割り振りで通常の開発プロジェクトより優遇されます。重点的にリソース（経営資源）を配分してもらえるのです。

しかし、ダントツ商品として認めるかどうかは、もうひとつ関門を設けました。実際にその商品を市場に出して、売れ行きを見極めてから決定するのです。技術的にいくら画期的なものを盛り込んだとしても、市場でヒットしなければ本物とはいえません。

開発部門からは「これをダントツ商品に認定してほしい」という要望が次々に上がってきますが、安易にハードルを下げてしまえば、ダントツの価値が希薄化してしまいます。あえて心を鬼にして、「これはダントツ商品と呼ぶに足る新製品か」と自問自答を繰り返したものです。

ハイブリッド建機

さて、このダントツ・プロジェクトから生まれてきた、大きな成果を紹介しましょう。コマツが世界で最も早く世の中に送り出した「ハイブリッド建機」です。

建設機械の動力源は、ディーゼルエンジンです。軽油を燃やして、そのエネルギーでモノを持ち上げたり、自走したりしています。しかし、CO_2による地球温暖化問題がクローズアップされ、あるいは21世紀に入ってからの原油価格高騰もあり、いつまでも化石資源だけに頼るわけにはいかない、と実感するようになりました。

そこで、着目したのがハイブリッド技術です。コマツは2008年6月にハイブリッド油圧ショベルを発売しました。ハイブリッド自動車はバッテリー（蓄電池）を搭載し、エンジンと電池でクルマを動かすのですが、ハイブリッド建機はそれとはやや構造が違い、バッテリーは積んでいません。その代わりに、回収した電気を効率よく溜め込むためにキャパシターという蓄電装置を搭載しています。

では、キャパシターに溜め込む電気は、どうやってつくりだすのか。油圧ショベルは、運転席

ハイブリッド油圧ショベル（HB205）は、積み込み作業の車体旋回で減速時に発生するエネルギーを電気に換えて蓄え、エンジン加速時の補助エネルギーとして活用する。これにより大幅な燃料消費量の低減を実現した。

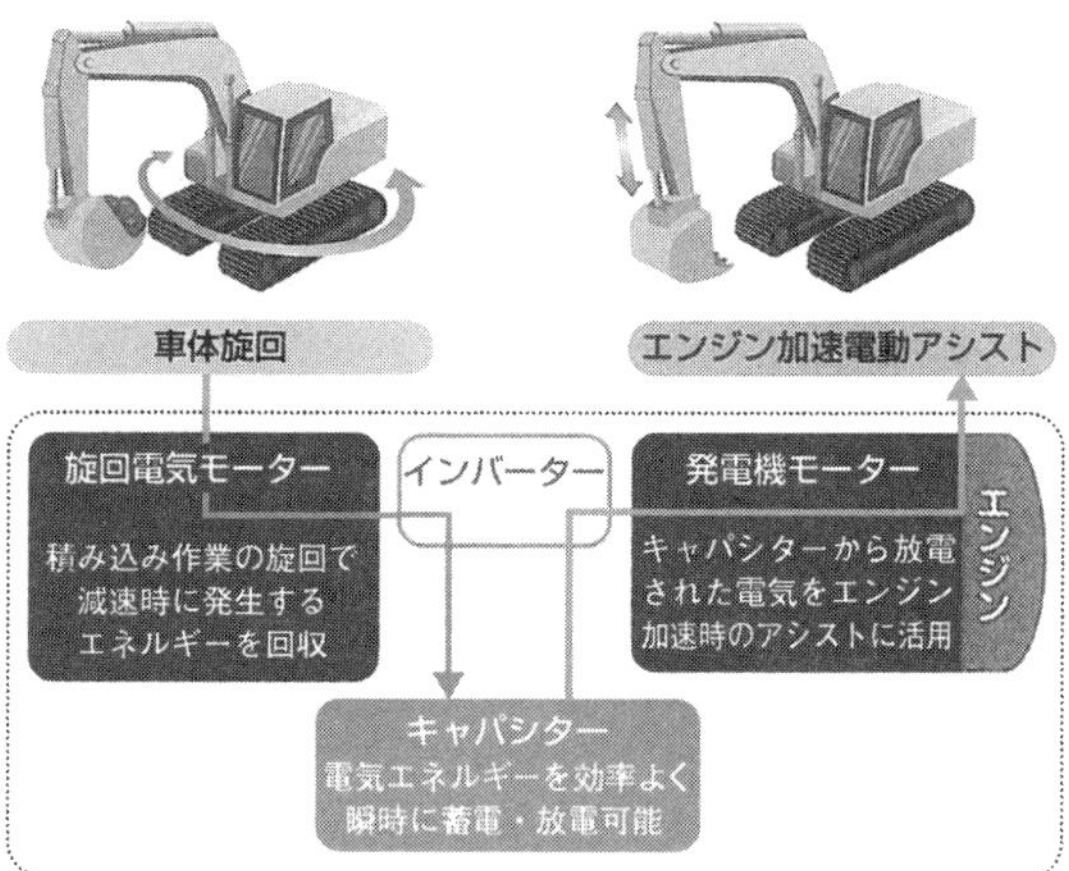

やアーム（腕）などで構成する「上部旋回体」が、足回りの上に乗っかっている構造です。工事のときは、この旋回体がくるくると回ってショベルを動かすのですが、この旋回が減速するときの運動エネルギーでモーターを回転させることで、電力を回収する新機構を開発しました。

自動車に使うバッテリーは化学反応を伴い、放充電に時間がかかりますが、キャパシターは、回収したばかりの電気を瞬時に放電することが可能です。旋回体の減速時に電気エネルギーを取り出し、次に旋回体が起動するときにその電力をエンジンの補助エネルギーとして使うことで、軽油の消費量を抑える仕組みです。

これによる燃費向上効果はかなり大きく、試算では燃料消費量が平均25％低減します。ユーザーテストによる実測データでは、最大41％の燃料消費が低減できたという結果も出ました。旋回する頻度が高い現場では、それだけ燃費向上効果が大きくなるのです。

ハイブリッド建機が中国で売れる理由

もちろん、通常の機種に比べてハイブリッド建機は、キャパシターなど付加的な部品を搭載するので、価格はどうしても高くなります。量産効果が出てくればいずれ値下げも期待できますが、日本では現在、能力的にほぼ同等の既存機種と比べて、１・５倍ぐらいの価格でしょうか。ところが、この「割高な機械」が意外な市場で注目されているのです。

それは中国です。中国といえば、売れるのは廉価品ばかりというイメージがありますが、なぜそこでハイブリッドなのか。中国の建設機械の稼働時間が長いことは前に書きましたが、その結果たくさんの軽油を消費します。しかも、意外なことに、中国の軽油価格は安くありません。日本より若干安い程度の値段です。その結果、建設機械1台あたりの年間の燃料費は、日本円で300万円ぐらいかかるのです。

一方、機械のオペレーターに支払う人件費は年間わずか50万円ほどで、燃料費の約6分の1にすぎません。日本などでは人件費が最大の費目ですが、中国ではまったく逆で、建設機械オーナーにとって燃料費を節約したいというニーズは私たちの想像以上に大きいのです。

ハイブリッド建機は、発売からほぼ2年で約650台売れましたが、市場別に見ると、中国と日本でそれぞれ300台ずつ売れています。やはり価格がネックとなり、まだニッチ商品の域を出ていないのですが、今後は小型化するなどしてコストダウンも図っていきます。2011年には第2世代のハイブリッド油圧ショベルを世界展開する予定で、ハイブリッドがニッチ商品からメインストリーム（主流）の商品に生まれ変わる節目の年にしたいと考えています。

環境、安全性、ＩＣＴ――今後の方向性

さて、今後、建設機械はどういう方向に進化していくのでしょうか。

キーワードのひとつが「環境」であることは、間違いありません。地球全体が脱化石資源に舵を切るなかで、私たち建設機械メーカーもそれに貢献する必要があります。

そのために、ハイブリッド技術に磨きをかけるほか、既存のエンジンの効率アップや、インドネシアにおけるバイオ・ディーゼル燃料の活用など、さまざまなプロジェクトを進めています。

2番目のキーワードは、やはり「安全性」です。安全性は、いつの時代にも欠かせない大切なキーワードです。具体的には、次に挙げる3つ目のキーワード「ＩＣＴ」を用いて、これまで以上の安全性を求めていきたいと思います。

たとえば、先に触れた、ダンプトラックの無人運行システムがこれにあたるでしょう。ちょっとした間違いで大ケガをする鉱山での労務管理は、鉱山会社にとって長年、頭痛のタネでした。しかし、無人運行システムなら、コントロールセンターで車両の動きを監視する最低限の人員だけいれば大丈夫です。また、ダンプトラックは規則正しく運行するので、周囲で働いている人たちの安全性も向上します。

最後のキーワード「ＩＣＴ」については、コムトラックスや無人運行システムにとどまらず、実際にＩＣＴを使ってオペレーターの作業負担を軽減できないかを追求したいと思います。工事の種類にもよりますが、通常、油圧ショベルやブルドーザーを使いこなすには一定の熟練が必要です。しかし、新興市場など工事量が爆発的に増えている地域では、熟練オペレーターの育成が追いついていません。

自動車の「カーナビ」ではありませんが、小さな車載端末を通して次にどんな操作をすればいいかを指示する「オペナビ」ができれば、ニーズは大きいと思います。

また、たとえば、排水管を埋め込むような工事では、地面の高さを正確に把握しなければなりません。東から西に水を流す排水管をつくるのに、標高をきちんと計測せず、西のほうが少し高くなったりすれば、水が逆流してしまうからです。そのために、そうした現場では、地面の高さを示す杭を打ち込むなどして万全を期します。

しかし、ＧＰＳ機能を活用して地面の高さが把握できれば、杭を打つ手間も不要となります。ＩＣＴを使って施工を支援できないか、あるいは、実際に建設機械を使ってくれている人たちの仕事の手間を軽減できないか、そこに知恵を絞りたいと思います。

世界市場の変貌を受けて、コマツの機械がどう変わっていくかに注目してほしいと思います。

為替には一喜一憂しない

ここで日本の製造業を悩ます「円高」について、私がどう考えているかに触れておきましょう。

コマツは1985年のプラザ合意を機に、世界の主要市場で現地生産化を進めてきましたが、主要部品についてはいまでも国内で集中的につくっています。仮に円が1ドル70円台で定着したとしても、基幹部品の製造コストを変動費だけで比較すれば、なお日本は欧米に比べて価格競争力があるのです。

「それなら、さらにコストの低い中国でつくればどうか」とよく言われますが、いまの中国事業の規模ではまだスケールが小さく、基幹部品を自給自足してもメリットが出ません。また、繰り返しになりますが、開発陣と生産拠点が物理的に近い距離にあることは大きな強みであり、為替の動きに過剰反応して、その強みを捨てることはありえません。

「為替には一喜一憂しない」というのが、コマツの基本的な方針です。決算では、円高になれば海外売り上げの円換算値は目減りしますが、これは仕方ないことです。逆にドル表示で見れば、売上高も利益も膨らむので一概に不利とはいえません。要は、投資家が円で見るか、ドルで見るかです。

そもそも、外国為替市場は1日の取引が4兆ドルにも達する巨大な投機の場です。行き過ぎも起こりますが、それもいずれは調整されると、ある意味で達観しています。

円高対応で大事なことは、世界の主力市場ごとに誰と戦っているのかをよく把握し、為替が競争力にどんな影響を与えているかを常時、判断できるようにしておくことです。たとえば、中国市場では、中国メーカーも韓国メーカーも、油圧ショベルのコントロールバルブなどの基幹部品は日本製を使っていることが多いのです。であれば、コマツにとって、円高が競争上不利に働くことはありません。コスト上昇という逆風は、コマツにもライバル企業にも同じように吹いているのです。

このように、市場ごと、場合によっては機種ごとの緻密な分析を通じて、「為替と自社の競争力」の関係を客観的に見極めておくことが必要です。

「コマツでないと困る」度合いを高める

コマツの経営に話を戻すと、ダントツを目指すのは「商品」だけではありません。買っていただいた後の「サービス」でもダントツを実現し、売れ続けるシステムをつくりたいと思っています。

あらゆる企業は、まず「セリング」(selling)の段階から出発します。つくったものを「売る」という段階です。その次が、「マーケティング」(marketing)の段階です。これは、顧客のニーズを調べて、そのニーズを満たす商品を販売するということで、セリングよりも格段に進化しています。そして、そこからさらに進むと「ブランディング」(branding)の領域に入ります。

いまコマツが目指しているのはこのブランディングで、「売れ続けるための仕組み、お客様から選ばれ続けるための仕組みをつくる」というところです。そのためには、いい商品を売るだけでなく、いいサービスも提供して、「また、コマツ製品を買ってやろう」と思ってもらうことが大切です。

こうした観点からコマツでは、顧客との関係性を7段階に分類し、これを進化させる活動としてブランドマネジメントを展開しています。ブランドマネジメントは、どちらかというとB2C(企業と一般消費者が取引を行う)市場で導入されてきましたが、B2B(企業間で取引を行う)企業のコマツが自社流にアレンジしたかたちで取り組みを始めたところです。

最も悪い関係は、たとえば「コマツの機械は絶対使わない」という建設機械ユーザーとの関係です。「経営が苦しいときに、少しローンの支払いが遅れただけで、コマツは機械を引き揚げていった。もう敷居もまたがせない」という社長さんも実際にいらっしゃいます。こういう声に接すると、相手が苦しいときにどんな態度をとるか、あまり横柄なことをすると後々まで恨まれると痛感するのですが、いずれにしても、こうした会社が、最も関係度の低い「レベル1」にあたります。

反対に「レベル7」は、「コマツ以外の製品は使わない」という顧客です。チリの銅鉱山での無人ダンプトラック運行システムについては以前に紹介しましたが、この鉱山会社は、レベル7に近い顧客です。無人運行システムはいまのところ、世界でコマツしか提供しておらず、この顧客が無人運行システムを使い続ける以上、コマツのダンプトラックやアフターサービスが必要となります。この顧客とコマツは、縁の切れようがない「運命共同体」といえるでしょう。

コマツには、全世界に数十万社のお客様がいますが、「レベル7」の顧客というのはほんの一握りです。「コマツ製品は評価するが、他社の製品もあわせて使う」「1社からの集中調達はせず、相見積もりをとって購入メーカーを決める」というお客様も当然多くいらっしゃいます。そのなかで、優先的に選んでもらえる存在になるにはどうすればいいか。たとえば、コムトラックスを活用して、稼働状況のコンサルティングのようなことも実施しています。

コムトラックスの情報をもとに、「お客様の油圧ショベルはエンジンをかけているのに、特に作業していない時間が月30時間もあります。こまめにエンジンを切ったりするといった操作を繰り返せば、燃料費はこれだけ節約できますよ」といった情報をお届けするのです。こうした取り組みを重ねることで、たとえば「レベル3」のお客様を「レベル4」に引き上げるなど、顧客とのパートナーシップを高めていきたいと思っています。

経営学者のピーター・ドラッカーさんは「マネジメントの唯一最大の目標は、顧客の創造」と説いています。企業にとって最も重要なステークホルダーは、顧客以外にありません。ダントツ商品、ダントツサービスを提供して、「コマツでないとお客様が困る」度合いを高め、パートナーとして選ばれ続ける存在になる。それがブランディング活動の目標です。

第6章

代を重ねるごとに強くなる

なぜ「コマツウェイ」なのか

ここまで、生産や開発など会社の個別機能を強化する方策について書いてきました。しかし、いくら現場が強くても、会社の舵取りをするマネジメントが弱ければ、企業としては力を発揮できません。このマネジメント力を継続的にどうやって引き上げていくか。そこで、あれこれ考えた末につくったのが、コマツの経営の基本を書き込んだ『コマツウェイ』という冊子であり、「コマツウェイ推進室」という専門の部署です。

このコマツウェイの編纂を思い立ったのは、社長の座をそろそろ後進に譲ろうと考えはじめた2005年です。その年の秋ごろから、私は後任の社長宛てに「経営者は代替わりしても、経営の基本としてこれだけは踏襲してほしい」という、いわば社長業務の引き継ぎメモを書きはじめていました。

しかし、すぐさま「待てよ」と思い直しました。私の次の社長は、おそらく私のことを尊重してくれて、この引き継ぎメモを遵守してくれるでしょう。でも、それが「次の次」まで続くかといえばどうだろう。確信は持てません。それに次の社長にとっては、さらに修正したいこと、追加したいことが出てくるはずです。こうした引き継ぎメモ程度のことが、今後、何十年にもわたってコマツの企業文化として定着していくかとなると、大いに心もとない。

そこで、ただの引き継ぎ書ではなく、コマツウェイとして冊子にまとめて全社員に公表し、誰にもわかるかたちで会社の軸をはっきりさせておこうと考えたのです。

マネジメント編

実際のコマツウェイは、「マネジメント編」と「全社共通編」の2つに分かれています。まずは、マネジメント編から説明していきましょう。

マネジメント編には、社長にとってのコマツウェイが書いてあります。これは、私自身が筆をとって書き下ろしたものです。特に重要な経営トップの行動指針として、次の5項目を掲げています。

1　取締役会を活性化すること
2　社員とのコミュニケーションを率先垂範すること

コマツウェイの位置づけ

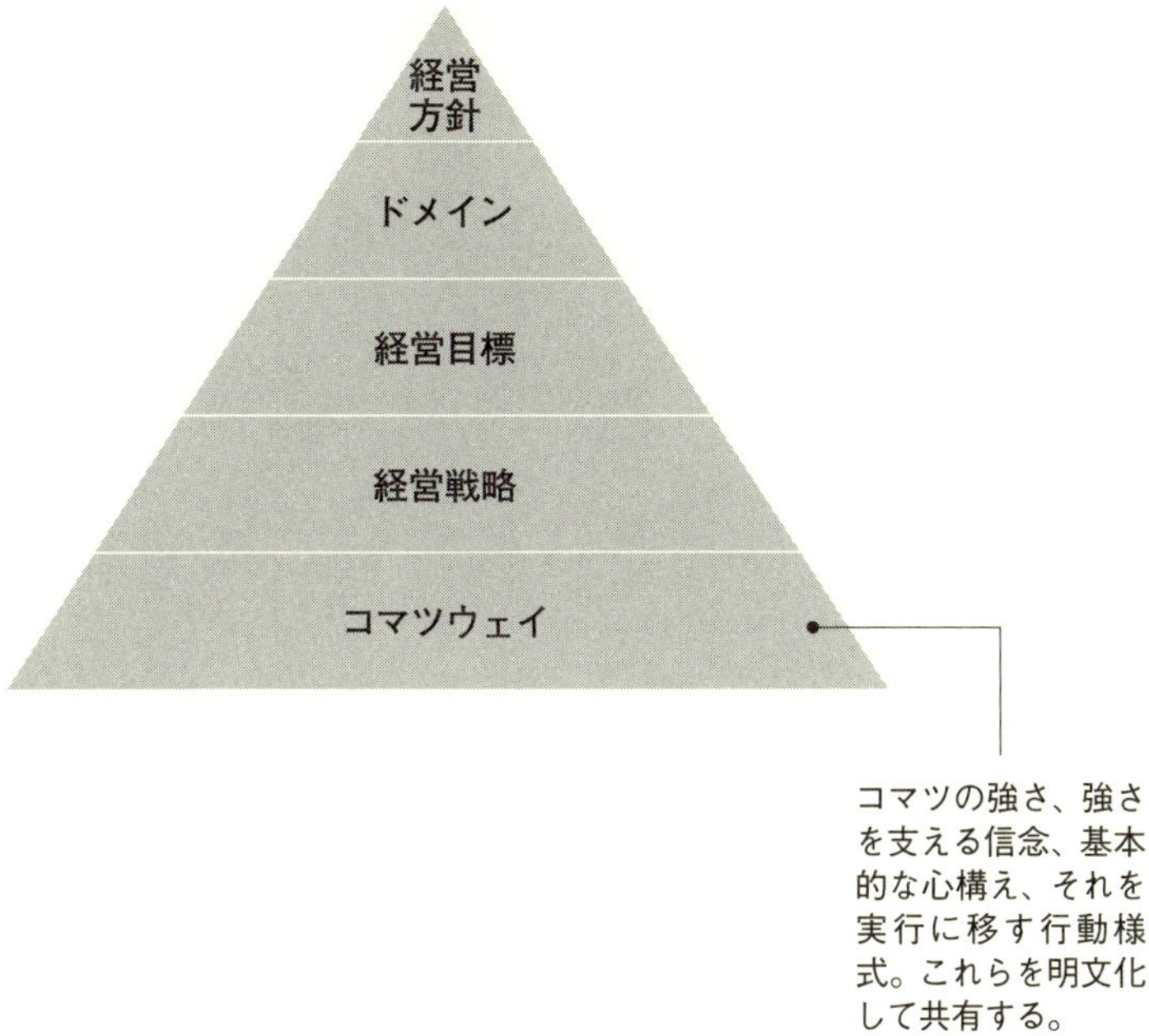
経営
方針
ドメイン
経営目標
経営戦略
コマツウェイ
コマツの強さ、強さを支える信念、基本的な心構え、それを実行に移す行動様式。これらを明文化して共有する。

3　ビジネス社会のルールを遵守すること
4　決してリスクの処理を先送りしないこと
5　常に後継者育成を考えること

取締役会の活性化

最初の項目は、「取締役会を活性化すること」です。

もう二十数年前の話で時効でしょうからお話ししますと、コマツには過去のある時期に、社員のモチベーションが著しく下がったことがあります。このときは、私も嫌気がさし、会社を辞めようかと真剣に考えました。

多くの中堅社員がそんな状態では、業績もいいわけがありません。

なぜ会社が変なことになるかといえば、活発な議論が行われず、一部の人の独断で事が運ぶからです。したがって、私は社長になってから「構造改革」を含めて厳しいことを断行しましたが、すべて取締役会で十分な議論をし、異論を含めていろいろ検討したうえで、皆の賛成を取り付けて実行に移しました。

取締役会の議題については入念に準備し、漏れがないようにします。経営企画室が中心となって、監査役や法務部、総務部などが集まって議題選定の会議を開き、そこで取締役会に提出する資料を整えます。単に「○○工場に100億円投資する」といった結論だけを述べたものは論外です。「なぜ投資が必要なのか」「ライバルはどうしているのか」などの情報も、社外取締役を含めたメンバーに提示し、そこで議論をしたうえで結論を出します。

報告、討議、そして決議へ

コーポレートガバナンスが効いているかどうかを見分ける簡単な方法は、取締役会などで、トップの提案に対する異論が容認され、場合によってはストップをかけることができるかどうかです。コマツでは、社長が提案した案件でも、社外取締役の異論を入れて再提案しなければいけないことがあります。

何年か前、私が社長だった時代のことですが、ある企業の買収案件が持ち込まれたことがありました。そうしたときは、「社長や一部役員で結論を出してから取締役会に報告し、賛同を取り付ける」といったやり方ではなく、交渉の早い段階からボードメンバーに情報を提供し、買収を実行すべきかどうかの意見を聞くのです。

そのとき、コマツの取締役会が決めたのは「買収金額が4億2000万ドルまでなら、社長以下執行部は買収を実行してもよい」という条件付きの賛成でした。結局このときは、ほかにも買いたいという企業があり、買収価格が上昇した結果、コマツとしてはこの買収を見送らざるをえませんでした。

もし私がフリーハンドだったら、おそらく高値でも、その企業を手に入れていたと思います。そして、その買収が成功し、コマツにとってプラスになる可能性はかなりあった、といまでも思っています。しかし、一方で、社長が強引に主張すればそれがそのまま通る会社では、経営トップの暴走を防ぐ手立てがありません。

買収断念に悔しい気持ちはなかったといえば嘘になりますが、それでも、活発な取締役会は、会社の長期的な利益にかなうと考え、納得しました。重要なテーマは必ず、報告、討議、決議の3つのステップを踏むことにしています。

こうした取締役会の活性化は、コマツ本体だけでなく、子会社にも指示しました。

以前、ある上場企業で、何年も取締役会を開いてないという事実が発覚し、世間を驚かせたことがありますが、大企業の100%子会社というのもそれに類する存在で、まじめに取締役会を開き、きちんと議論しているところは少ないと思います。

しかし、コマツではそれを許しません。さすがに子会社には社外取締役はいませんが、非常勤取締役になっているコマツの幹部が必ず出席し、親会社から見てどうかといったコメントをさせます。「子会社の社長が先輩で、モノが言いにくい」という雰囲気も以前はありましたが、いまはまったくありません。

会社の状況、方向性を自らの言葉で語る

マネジメント編の第2項目は、「社員とのコミュニケーションを率先垂範すること」です。

コマツの社長は、決算が出るたびに本社や各工場を回り、会社の現状や方向性を説明します。海外拠点向けには、ビデオ撮影した映像を英語版でウェブ配信しています。

会社の状況を率直に話す、しかもそれを継続していくと、社員もそれを受け止めて積極的に動き出すものです。会社の状況をできる限り多くの人が共有することは、きわめて大事なことです。

こうしたコミュニケーションの場は、協力企業や代理店の集まりでも同じように実践しています。

バッドニュースを最初に報告する

第3項目は、「ビジネス社会のルールを遵守すること」です。

コマツには以前から『コマツの行動基準』という冊子があり、そこには一貫して「ミスや不正をなくそう」と書いてありました。しかし、私の社長時代、メディアで取り上げられた不祥事がいくつかあり、たいへん恥ずかしい思いをしました。唯一の救いは、いずれもかつては世の中が許してくれていたことだったということです。

しかし、かつてはよくても、世の中の基準が変わって許されなくなったのなら、ミスは当然、不正もありうるという前提で対処しようと決心しました。

そこで一度、「徳政令」を発してすべてを棚卸しし、以降は、不祥事を起こしたことよりも、それを隠したことをより重くとがめようと行動基準書を修正しました。過去の膿を出してから、コンプライアンスの強化に取り組んだのです。

たとえば、コマツの事業責任者や子会社のトップはそれぞれ毎月1回、「フラッシュレポート」というA4用紙1枚の簡単な報告書をコマツの社長に提出しますが、以前はレポートの一番上に業績や生産状況などを書いていました。しかし、私の指示で「バッドニュース」(不祥事)を一番上に書かせることにしました。「工場で労働災害が起こった」「社員が酔っ払い運転で捕まった」などなどです。

その次に、市場で発生した主な品質問題などについて報告させ、最後に、業績についてレポートさせます。

「コマツのトップが何を重視しているか」をこういうかたちで「見える化」することで、コンプライアンスの精神が徐々に組織全体に根づいていくのだろうと思います。口先で「法令を遵守してほしい」と呼びかけるだけでは、社員の耳を右から左に通り抜けていくだけでしょう。

リスクの処理を先送りしない

第4項目は、「決してリスクの処理を先送りしないこと」です。

会社では、常にさまざまなリスクが発生しています。重要なのは、そうしたリスクの処理を先送りにしないことです。

たとえば、新たな事業に投資をしたが、業績が当初の見込みほどではなく、投資の回収ができるかどうか難しい。そう判断したら、早めに減損処理を行うことが必要です。「まだ大丈夫」と高をくくっていると、最後に大きな損を出すことになってしまいます。

リスクの処理を先送りしないようにするためには、前述した「バッドニュース」がいかに速くトップまで上がってくるかがカギとなります。

後継者育成は社長にしかできない仕事

第5項目は、「常に後継者育成を考えること」です。
当たり前といえば当たり前の項目ですが、できていない会社も多いのではないかと思います。
コマツでは、役員や子会社のトップはもちろん、部長以上の主なポジションの人に対して、サクセッションプラン（後継者選び）の策定を義務づけています。自分の次と、その次の人材、すなわち後継者を誰にするかをリストアップして定期的に見直し、年1回はトップに報告して話し合うというルールです。

毎年こうした話し合いを繰り返すことで、ようやく継続性を重視したまともな人事ができるようになったというのが実感です。

特に社長の評価においては、現役時代の業績はもちろん、誰を後継者に選び、その結果がどうであったかも大きな比重を占めると考えています。

全社共通編

ここまでが、コマツウェイの「マネジメント編」いわば、経営者向けのパートですが、一般社員向けの「全社共通編」も設けました。

全社共通編は、製造現場だけでなく、販売やサービス、管理部門、さらには協力企業や代理店も含めた活動を、広い意味での「コマツのものづくり」としてとらえ、それを強化していくための行動指針です。いわゆる社訓よりもずっと具体的で、実践性に富んでいます。

大きくは、次の7つの項目を掲げています。

1　品質と信頼性の追求……「ダントツを狙おう」「製品の出来は他人が決める」など

2　顧客重視……「コマツは、お客様のパートナーなのです」「お客様の問題解決を最優先にしよう」など

3　源流管理……「あるべき姿と現実の差を埋める努力をせよ」「ナゼナゼを5回繰り返そう」など

4　現場主義……「現場・現物・現実をよく見よう」「見える化しよう」など

5　方針展開……「方針展開力は、コマツの強み」「現状が最善と考えないように」など

6　ビジネスパートナーとの連携……「Ｗｉｎ－Ｗｉｎの関係」「代理店・協力企業群との連携を重視」など

7　人材育成・活力……「人材育成は管理職の大事な仕事」「できない理由より可能にする方法を」など

この全社共通編は、コマツウェイ成文化プロジェクトチームが全国の生産、開発、販売などの現場を訪れ、取材してつくりあげたものです。たとえば、各工場には「工師長」「工師正」といった肩書を持つ「現場の神様」のような人たちがいるのですが、分野ごとにそうした業務を知り尽くしたベテランの話を聞いて、そのエッセンスを抽出しました。

単に上から下りてきた言葉をまとめたのではなく、長い時間をかけて現場で磨かれ、生き残った知恵をすくい上げて、冊子としてまとめたものです。創業者の教えや語録を大切にする企業はたくさんありますが、コマツウェイはそれとも異なります。時代に合わせて、何年かに1回は改訂版を出す予定です。

たとえば、「現場主義」のなかの「五感を研ぎ澄ます」という項目には、こんなことが書いてあります。

昔からコマツの現場技能の世界では、「五感を研ぎ澄ます」ということを奨励した語録が数多く残されています。

・「技能は頭でなく体で覚えるものだ」
・「切粉を見て切削条件がわかるようになれ」
・「溶接の良し悪しは音で聞け」
・「触って痛い組立部品はダメだ」

五感をどれだけ真剣に使うかによって、第六感も冴えてくるものなのでしょう。

しかし、よく考えてみれば、「五感を研ぎ澄ます」ということは、現場の技能だけに限ったことではないことに気づきます。どんな業務や職責の人にも、通ずるものがあると感じませんか?

（『コマツウェイ』より抜粋）

強みを磨き、代を重ねるごとに強くなる

コマツウェイの制定は2006年7月ですが、その1年後、私から社長のバトンを引き継いだばかりの野路社長は、コマツウェイの中身を説明するために海外の現地法人を回りました。また、英語や中国語など10カ国語に翻訳して、コマツウェイをわが社の世界共通語にしたいと考えてい

ます。最近は社内公用語を英語にするという企業がありますが、本当にグローバル企業として成功するためには、価値観や行動様式の共有が最も大事だと思います。

そのため、単に「冊子をつくって終わり」ではなく、社長直属のコマツウェイ推進室による普及啓蒙活動も進めています。今後は、海外からの「言葉」や「知恵」をコマツウェイに盛り込むことに、より注力したいと思います。

ダントツ・プロジェクトも、コマツウェイも、強みを一段と磨いて、さらに飛躍するための試みです。なぜか日本人は弱みの議論が大好きで、「自分の企業はここが弱い」「日本という国はここが弱点」ということばかり話しますが、弱みに注目するだけでは何も生まれません。

自分の強みは何かという発想に切り替え、強みを伸ばす努力をする。それは、個人も会社も国全体も同じだと思います。私の経営方針の根幹をあえて一言で言ってみろと言われれば、この「強みを磨く」ということだと思います。

コマツは、日本の強みを活かした真のグローバル企業、「日本国籍グローバル企業」を目指します。

〔終　章〕

傍観者ではなく当事者になろう

本書の終わりにあたって、少し企業経営を離れて、日本という国のあり方を考えてみたいと思います。

トップは何を示すべきか

企業の経営も国の経営も共通項があります。これまでも何度か触れたように、トップリーダーの仕事は、できる限り多くの人を同じ方向に向かわせ、汗と知恵を有機的に結集させることです。そうした観点から、いまの日本のリーダーは、次の4点についてビジョンを明確に示すことからすべてが始まると思っています。

1 世界の本質的な変化は何か
2 そのうえで日本の基本的課題は何か
3 そして、自分たちの強み、弱みは何か

4　どこから具体的に着手していけばいいか

以下では、もし私がトップリーダーなら、どのようなメッセージを出していくかを示します。読者の皆さんが、「この国をどうすべきか」を考えるうえでの参考にしていただければと思います。

これからはアジアの時代

国内では「人口減少」が問題となっていますが、世界では「人口増」が進んでいます。1900年、世界人口は約17億人でしたが、その後の100年で約45億人増えました。さらに2050年までには30億人増え、世界人口は約92億人になると予測されています。いまから2000年前の西暦の初めには2億人だったことを考えると、爆発的な人口増です。

これに加え、人口の多い新興国で急速に「都市化」が進展しはじめたのが、1995年ごろからです。「人口増」と「都市化」によって、世界では中間層が加速度的に増えています。その結果、資源やエネルギー、食料や水、地球環境や医療が大きな課題として浮上しました。これからは、国も企業も、直接あるいは間接を問わず、これらの課題を解決するために政治・経済活動を通じて貢献していくことが求められます。

世界人口の推移

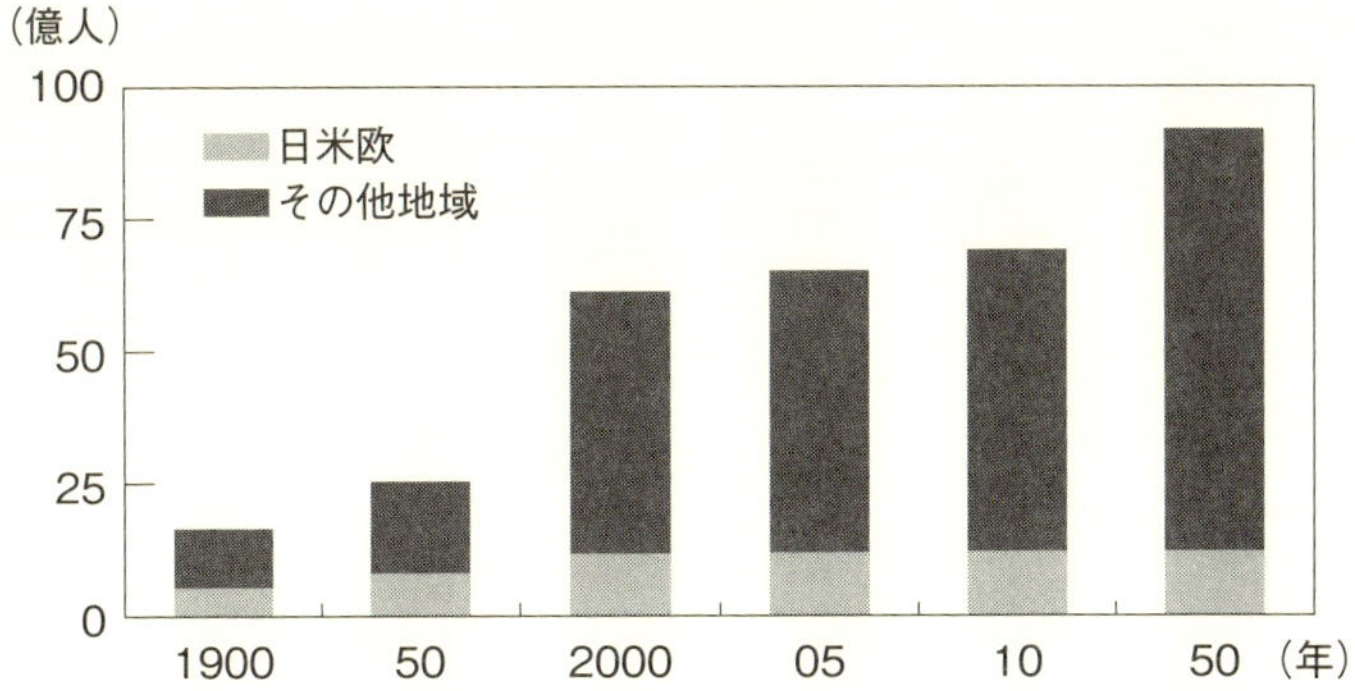

(注) 2010年、2050年は予測値。
United Nations, World Population Prospects, The 2008 Revisionより作成。

都市化率(5万人以上の都市に住む人口の割合)の推移

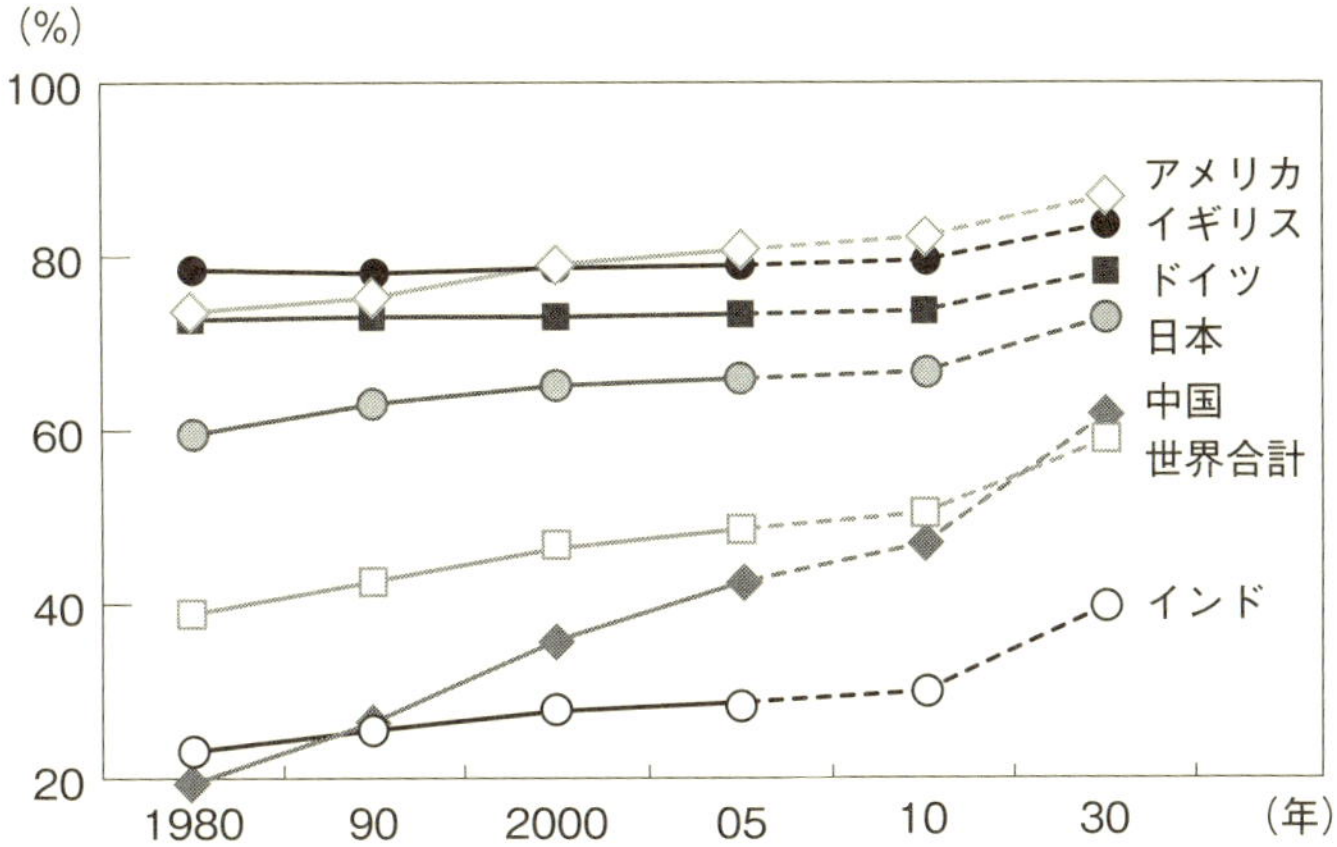

(注) 2010年、2030年は予測値。
United Nations, World Urbanization Prospects, The 2009 Revisionより作成。
ただし、都市人口の定義は国によって異なる。

また、20世紀の後半は、日米欧が世界経済の大半を占めていました。しかし、１９８０年代後半からは新たな成長機会が減り、それが、日本の不動産バブル、アメリカのＩＴバブルを誘発しました。地域拡大を選択したヨーロッパは、まともな戦略をとっていたかに見えましたが、ある種のバブルを内包していたことが、金融バブルの破裂で露呈しました。

こうしたなかで起きた、最も本質的な変化とは何か。それは、投資機会がなくなった日米欧よりも、新興国にお金がまわりはじめたことだといえるでしょう。

それは、１９９５年ごろに起こりました。投資機会を失ったおカネが新興国へ向かいはじめると、金融インフラが乏しい東南アジアの国々が発展しはじめます。しかし、それは、１９９７年のアジア危機につながりました。一方、国としてのポテンシャルが比較的大きい中国とインドでも、１９９５年ごろから成長の兆しが見えはじめました。実際にコマツは、１９９５年に、中国とインドで初めて生産工場への投資を決めています。

その後、21世紀に入るころには、中国の成長が軌道に乗りはじめ、これに引っ張られるかたちでアジア全域が再び成長ステージに入りました。さらには、資源・エネルギー需要の高まりとともに、中南米、アフリカまでもが急成長するトレンドが、２００８年9月のリーマンショックまで続きます。

これが、これまでの全世界の状況の総括です。

リーマンショック後、日米欧が立ち直りに苦しむ一方、アジア諸国は、中国の牽引もあって、リーマンショック以前のピークを越える状況に戻ってきています。序章でも述べましたが、建設機械の需要構成比でいえば、１９８０年代後半から２０００年までは日米欧が80％を占めていましたが、いまでは30％にまで落ちています。おそらく今後、アメリカの復活によって40％くらいにまで戻ることはあっても、その後は再び25％くらいにまで比重が低下していくのではないかと考えています。

こうした変化を表すキーワードは、「これからはアジアの時代」です。

都市化率が低い社会

日本の問題は、１人あたりＧＤＰが先進国で最も低い国になってしまったことです。この問題から逃げるかのように、「大切なのはＧＤＰより幸福度だ」という意見もありますが、働きたい若者に仕事を与えることができずに何が幸福度かと言いたくなります。

また、新しい技術や産業を興すことで国として成長していこうという考え方も打ち出されていますが、いまの日本においては「もっと根底にある構造的な問題」を深く掘り下げていかないと、結果を出すことができないと思っています。

では、なぜ日本は低成長になってしまったのか。それを知るためには、「社会構造」と「産業構造」とに分けて分析する必要があります。

まず、「社会構造」では、政治と行政が東京に一極集中していることです。

多くの企業の本社も東京に集まり、高度成長期には、これがメリットとして機能していたのですが、いまや東京と地方の格差は拡大しながら定着し、どちらにも大きな投資機会がなくなってしまいました。

さらには、東京一極集中が、高学歴化・晩婚化を促します。生活コストや教育コストが高まり、世代が別々に生活するパターンを生み出し、少子化を加速させました。ちなみに、コマツの既婚女性社員の子どもの数は、東京本社が0・5人、大阪・北関東地区が1・3～1・4人、北陸地区は2・0人です。北陸地区の子どもの数が多いのは、親子3世代が近くに住んでいるため育児も容易で、生活・教育コストにも余裕があるからでしょう。

「育児が女性の就業を阻害している」という説がありますが、これは東京のような大都市部の論理です。北陸がスウェーデン並みの女性就業率であることに、少子化問題解決の希望が見出せるはずです。

また、都市人口の定義が異なる部分もありますが、日本では、都市化率が低く、大都市と地方都市の格差も開いています。しかも、地方都市は特色がないため、周辺地域から人を集める活力がなくなっています。

過保護から抜け出せない産業

「産業構造」では、行き過ぎた保護政策が共通要因として挙げられます。

ＴＰＰ（環太平洋戦略的経済連携協定）の議論が進んでいますが、「守りでは競争に勝つことができない。攻めこそ最大の防御である」が私の持論です。今後、国内消費の大幅な伸長が期待できない日本に残された道は、海外に打って出るか、少なくとも海外とのつながりでどう成長するか、すなわち、２０４０年まで人口が急増するアジアと共存共栄するかしかありません。

ＴＰＰ議論で懸案となっている日本の農業問題も同様です。爆発的に人口が増えるため、いずれ世界に食料危機が到来するかもしれません。そのためにも、農業こそ、復活の道を目指すべきでしょう。また、アジアの時代の到来を考えれば、成長戦略は描けるはずです。

他の産業についても状況は同じです。日本には、世界に誇る優秀な技術を保有する企業が数多く存在しますが、なかなか業界再編が進まないため、世界的に見れば小規模のプレーヤー同士が国内で限られたパイを奪い合う過当競争、すなわち消耗戦に陥っています。

これも、「過保護」の産物ではないでしょうか。成長とコスト（特に固定費）は分けて考えることが重要ですが、経営状況に関係なく雇用を守る（固定費に手をつけない）ことは「過保護」の状態で、必然的に、ひ弱なプレーヤーが狭いフィールドに残り続けることになります。

できる限り早期に抜本的な大手術を行い、健康体を取り戻せば、再び成長することができ、雇用が増えていくでしょう。短期的視点での雇用を重視して「国の使命」あるいは「企業の使命」といった名目でごまかすのは、死期を先延ばししているだけです。すぐにでも戦略的な国内業界再編を実現しないと、官民一体の国際競争色が強くなるなか、勝ち目がなくなるばかりです。

低成長こそ根本課題

また、日本は、ものづくり業界にとって、つくづく住みにくい国になってしまいました。低成長であるにもかかわらず、円高が輸出産業の業績を圧迫しています。しかも、国内の需要が減るなか、「過保護」によって淘汰されなかった多くのプレーヤーによる供給過剰がデフレを生み出しています。

金融危機によって、安全資産であるといわれている円が実力以上に買われ、さらには諸外国の通貨安戦争もあり、円が独歩高となっているわけですが、円高対策といっても、ゼロ金利政策のなかでは、短期的な市場介入しか打つ手はなく、効果も限られます。また、諸外国と比べて高い法人税率は、海外からの直接投資機会を抑制します。

さらに、「2020年までに温室効果ガスを1990年比25％削減する」というきわめて困難な環境対策目標も、日本をベースにして企業が国際市場で戦うにはたいへん高いハードルとなっています。世界と競争していくにはイコール・フッティングが最低限の条件です。

世界一の環境技術を持ち、世界GDPシェア8％に対して温暖化ガス排出シェア4％という低炭素社会をいち早く実現した日本は、世界の温暖化ガス削減に大きく貢献しているにもかかわらず、京都議定書によって巨額なペナルティを払わされる、という不公平な状況になっています。そして京都議定書には、温暖化ガス最大排出国（全世界の40％以上）のアメリカと中国が参加していません。

日本は、温暖化ガスを早く確実に削減できる枠組みを構築するための国際合意づくりを目指して、世界を技術開発と正論でリードしていくべきです。

以上、日本のものづくり産業が直面している課題を取り上げましたが、その根本にある問題は「低成長」につきると思います。2010年度、コマツの国内売り上げの見通しは全体の約15％ですが、国内生産は全世界の50％を維持しています。しかし、この15％が右肩下がりになるとしたら、いつまで国内生産を維持していけるでしょうか。

この国が抱えている問題は、「低成長」「中央集権と東京一極集中」「第1次産業」「女性の活用」「業界再編」「固定費」といったキーワードにまとめられます。

チームワークときめ細かさ——日本の強み

では、私たちの強みとは何か。それは、何といっても、成長するアジアに近いことです。物理的な意味もありますが、アジアが発展するうえでも日本の協力（ビジネスと支援）は欠かせません。また、アジアとともに栄えていくうえでは、安全保障問題が最重要です。多くのアジアの国々にとっては、日米基軸が安心の源ではないでしょうか。

そして、私たち日本人の強みは、農耕民族的な強み、すなわち「チームワーク」と「きめ細かさ」です。「チームワーク」は、機械や電気、油圧、制御といったさまざまな技術分野の人たちが汗と知恵を結集したロボットや建設機械（たとえば、油圧ショベル）などで国際競争力が突出していることに表れています。「きめ細かさ」は、どこにエネルギー・ロスがあるかを調べ尽くして開発する省エネ技術や、機械の安全性を高める技術、ＩＣＴの開発で大いに発揮されます。

しかし、一方で「チームワーク」「きめ細かさ」といった強みは、「強力なトップダウン（リーダーシップ）のなさ」という弱みにもつながります。

社長時代、私は、会社を大きく変える局面においてトップダウンがいかに大事かを痛感させられました。しかし、これ以上、細かいことまで指示しはじめたら、日本の強みであるミドルが自発的に考え、動く力を失ってしまうのではないか、受け身になってしまうのではないかという不安を常に抱えていました。

いまの政治状況は、まさにこの心配が現実になっているといえるでしょう。すなわち、会社にたとえれば、半年から1年で社長と役員（総理大臣や閣僚）が代わり、部課長（官僚）はそのまま。それでも、部課長（官僚）が自分たちで考え、行動しているあいだはまだ何とかなりますが、あるときから、社長と役員が「自分たちの指示に従え」（政治主導だ）と言い出します。その後も、短期間でトップ（総理大臣や閣僚）が変わるので、部課長（官僚）はまったく動かなくなってしまいました。会社なら、とっくに倒産しているでしょう。

また、これとは別の視点で政治状況をながめると、地方主権こそ、日本の強みであるボトムアップ力を発揮して、この国を活性化する道ではないかと思えます。

このことに関連して付け加えると、日本の行政コストも固定費と変動費とに分けずに議論されているため、予算がカットされたとき、その大半が変動コストにしわ寄せされます。変動コストのほうがカットしやすいからです。しかし、変動費が削られると困るのは現場です。少ない経費で、これまでどおりの（あるいは、これまで以上の）パフォーマンスが求められるからです。

最近、注目されている事業仕分けも、固定費と変動費を分けずに進められています。固定費である間接部門の人件費、すなわち雇用をどうするかという一番肝心な問題点を避けて予算削減を指示するので、それにかかわっている人たちが新たに別の仕事をつくりだしてしまうのは当然です。特に、年金や教育、道路といった大きな予算には必ず、大きな固定費削減の余地があるはずです。

固定費にメスを入れないと、予算削減とともに、どんどん現場の余裕がなくなっていく。国民は、この悲惨な状況に気づくべきです。

部分最適が横行しやすい——日本の弱み

また、ミドルやボトムなどの現場に任せると、どうしても「部分最適」が横行します。「全体最適」を進めるには、必ず「犠牲」が伴うからです。全体最適は、トップにしかできないことなのです。

日本企業では、本社業務などが、きめ細かさを追求する分だけ欧米企業よりも肥大化しやすいといえます。また、情報システムも自前で構築することが多いので、肥大化した業務がそのままコンピューター化され、身動きがとれなくなっています。

業務遂行にどのくらいのコストがかかるかについて、日本ではほとんど議論されていません。聞くところによると、行政も同じだそうです。地方自治体ごとに、業務やシステムの仕組みも異なるといいます。このことは将来、必ず大きな課題となるでしょう。

１９９０年代後半のコマツでは、私の前任の安崎社長の強力なトップリーダーシップのもと、5年の歳月をかけ、膨大なヒトやカネを投じて、自前主義の情報システムから脱却しました。そのことが、後の構造改革に大きく寄与しました。行政レベルでも早く着手しないと、改革できなくなってしまいます。

また、「日本企業は、技術で先行していても、ビジネスで負ける」とよくいわれますが、ビジネスで勝つためには、ビジネスモデルを考えたり、必要な経営資源をM＆Aで手に入れたりするなどトップダウンの取り組みが必要不可欠で、日本企業はこの点で弱いと思います。

とはいえ、ものづくりにおいて「トップダウン」と「ボトムアップ」のどちらが強いかといえば、答えは明らかにボトムアップです。なぜなら、いい人材さえ得られればトップダウンは可能ですが、ボトムアップは一朝一夕ではつくれないからです。「日本のものづくりの強さ（ボトムアップ）は農耕民族の強みに支えられている」と前述しましたが、こうした強みが失われつつあることこそ最も深刻な問題かもしれません。

日本企業の強みと弱み

強み		弱み
連携の強さ（組織、技術） ・社内での組織横断的な連携 ・サプライヤーとの一体化	⇔	・経営層レベルでの連携力の弱さ ・１社単独での海外進出の難しさ
継続的なきめ細かさ ・日本人の勤勉さ、粘り強さ ・データ収集力と解析力 ・PDCAサイクルの堅持	⇔	・管理業務コスト高 ・部分最適に向かってしまう

できることはたくさんある

閉塞感が漂う日本は、戦後ドラスティックな変化を2度も体験し、日本よりも先に構造的な問題に直面、そしてこの問題を乗り越えたドイツを手本にしてはどうでしょうか。

１９９０年の東西統一で失業率の悪化など、経済格差というハンディキャップを背負い、２００２年にはマルクを捨ててユーロを導入したドイツは、危機的状況でも門を閉ざさず、反対に門を開くことで変化を受け入れ、試練を克服しつつあります。日本と同じく工業製品輸出国であり技術立国である一方、食料自給率は90％です。30年前まで疲弊していた林業も、生産性を向上させたことで、木製品自給率は60％を誇っています。また、東西統一後に首都移転を成し遂げ、伝統的な連邦制による強固な地方主権を行うなど、日本の改革のためのヒントを多く有しています。

中央集権に対する問題意識、そして地方主権の必要性は、すでに国民のコンセンサスになっていますが、日本で道州制が実現するには、まだまだ紆余曲折が予想されます。とはいえ、いままでも、市民から直接選ばれた都道府県や市町村の首長が競争心を持ってやれば、できることはたくさんあるのではないでしょうか。こうした動きがないまま、道州制が実現したとしても、何も具体化しないでしょう。

ひとつの事例として、コマツの石川県における取り組みを紹介したいと思います。

コマツの創業は1921年。石川県小松市で、竹内明太郎（高知県宿毛市出身。吉田茂・元首相の長兄）が銅鉱山の機械修理工場としてスタートさせたのが始まりです。戦後日本の中央集権の都合もあって本社を東京に移し、工場も、人材確保と物流（国内、輸出）を理由に大阪や関東地区に拡大して今日に至っています。現在の国内の生産量は、北陸、大阪、北関東地区にほぼ三分されています。

私は社長時代、「日本のものづくりの高コスト体質が問題になる日が、再びやってくるだろう。それまでに、生活コストの安いところでの生産を増やしておかないと、日本を脱出するしかないといった議論が出てくる」と判断し、北陸地区の価値を見直すことを考えました。

そして、2005年ごろ、世界の需要が急拡大し、日本でも生産能力の増強が必要となるなか、「せっかく北陸で生産しても、輸出するために神戸や東京に運ばなければならない。かつて北陸から逃げた要因のひとつを、何とか解消できないか」と金沢港の国際化に望みを託し、金沢港に新工場をつくることを決心しました。地元もこれに呼応してくれました。金沢港の大深度化が進み、その後、韓国の釜山（プサン）港経由での輸出が可能となり、2010年には、第2工場を操業するまでになりました。

前にも述べましたが、リーマンショックの後、国内の生産能力調整が必要になり、コマツに

金沢港から釜山港、そして世界へ

なぜ釜山港か

・コンテナ取扱量で世界5位（神戸港の5倍の取扱量）
・充実した設備とサービス
・日本海沿岸にハブ港なし
・金沢港と近い（380マイル、金沢港から神戸港までは600マイル）

コンテナ取扱量の順位は、国土交通省作成資料および*Containerisation International Year Book 2010*をもとにした。

とって最も古く、生産性の低い小松工場の閉鎖を発表しました。地元にはたいへんなショックを与えることになりましたが、「災い転じて福となる」といいますか、われわれの北陸回帰の思いが、この工場跡地をコマツグループの研修センターにするというアイデアにつながりました。本社や国内に分散していた教育機能をこの地に集約させ、世界中から研修を受けるために社員らが集まるのです。小松空港は、成田国際空港や羽田空港、韓国の仁川(インチョン)国際空港とつながっており、世界からの小松市へのアクセスもまったく支障ありません。

２０１１年5月に予定されているコマツの90周年記念事業のひとつとして、このプロジェクトは進行中です。あわせて、工場跡地のスペースを活用した里山づくり、ものづくり教室の併設も進めています。これらは子どもたちの理科教育を通じて地元に貢献しようという試みです。研修センターだけでも、世界中から年間延べ２万人以上の人が集まり、地元経済の活性化に寄与できると期待しています。

このように中央の行政機能や大企業の本社機能の一部が地方へ移ることで、地方は、単なる生産拠点としてではない多様化したかたちで活性化が進むと考えています。この国が変わるためにも、このような取り組みであれば、民間レベルでいますぐにでもできることがあるのではないでしょうか。

業界再編と雇用の柔軟化

これまでのコマツもそうでしたが、多くの日本企業は、雇用に手をつけることを最後の手段と考えています。しかし、景気には当然、大きな波があるため、ピーク時に合わせて雇用を確保すると、ボトムになったときに余剰が出てしまい、子会社をつくったり、事業の多角化と称して本業以外に手を出したりして雇用を確保し、再び景気がよくなるとさらに雇用を増やすといった悪循環を続けるケースが多くあります。

その結果、不採算事業と子会社が増え、どうにもならなくなって、初めて雇用に手をつけざるをえなくなる。もっと早く着手していれば小規模の雇用調整で済んだものが、全員の雇用が危なくなってしまうのです。

業界再編が進みにくいのも、事業を売却することが雇用を売却するかのごとく思われ、罪悪感にとらわれる面があるからでしょう。あるいは、赤字事業でも売上高が減るのは嫌だとか、経営者自身が自身の雇用確保にしがみつくといった最悪のケースもあります。事業のM&Aは、「どちら側につけば、その事業がより発展するか」のただ一点で判断されるべきものと考えていますが、日本ではなかなかうまくいきません。

コマツでも、リーマンショック後に世界経済が急落するなか、欧米はもちろん中国でも雇用調整とセーフティネットが直ちに実行され、いち早く収益が回復したのに比べ、日本では調整に時間がかかり、回復が遅れています。

派遣法が国会で審議されていますが、先進国のなかで最も正社員が守られ、最も非正規社員が守られていない国が日本であることを忘れていないでしょうか。非正規社員だけを議論するのは、しょせん部分最適にしかなりません。この問題について世界ではすでに答えが出ています。景気に大きな波がある以上、雇用調整は避けられない。だから、雇用調整するときのルールと、犠牲になった人へのセーフティネットをしっかりしたものにすることが欠かせないということです。そして重要なのは、そうした犠牲を経て、その企業が再び強くなり、長期的に雇用機会を増やしていくことです。

また、流通においても日本ほど複雑な国はありません。特に、第1次産業分野での合理化の余地は大きいと考えています。

業務の合理化と固定費の削減が最優先課題

日本のものづくりコストの競争力が問題視されていますが、日本では、コストを「総原価方式」

で算出し、比較していることが多々あります。しかし、すでに本文でも述べたとおり、固定費と変動費に分けないと、判断を間違えてしまいます。

コマツのように海外市場での売り上げ（日本からの輸出を含めた）が85％に達する企業では、日本の本社はもちろん、マザー工場として海外工場の支援機能を持つ国内工場も、どうしても固定費が高くなりますが、変動費だけで比較すると、日本の工場が競争力を維持できていることがわかります。円高になるとすぐ日本から脱出するといった話が出ますが、総コストで判断していると間違えてしまいます。

この国では、中央行政が特にそうですが、固定費、なかでも「業務コスト」に対する意識が低く、予算カットがそのまま現場へのしわ寄せとなりやすい状態にあります。まずやるべきことは、業務の合理化と固定費の削減です。

批判するばかりの傍観者ではなく、当事者になろう

やるべきことを挙げると数限りなく浮かんできますが、ここまで政治の混迷が続いている背景には、この国の選挙制度が持つ本質的な問題もあると思われます。すなわち、何でも中央が決める中央集権体制のまま、二大政党を目指した小選挙区制にしたために、多くの政治家がポピュリ

ズムになりがちで、トップリーダーが他の多くの政治家を「全体最適」で引っ張っていくことが困難になってしまったのではないでしょうか。

しかし、まだ希望もあります。小泉改革は、その内容に種々の批判はあるものの、あれだけの国民の支持を得ながら改革にチャレンジできることを証明してくれています。早く真のトップリーダーが現れてくれることを祈るのみです。

そして、わたしたち国民も、批判するばかりの傍観者ではなく、当事者になろうではありませんか。私が2001年の苦境のなかで社長に就任したとき、社員に構造改革の必要性とゴールを示しながら、次のように訴えたことを思い出します。

「会社がこういう状況になったのは、経営陣の責任が一番重い。しかし、皆さんも悪かった。それぞれが『何かできるはずだ』と考えるように意識を変えてほしい」

いま多くの国民は、こうしたトップのメッセージを待っているのだと信じています。

あとがきに代えて

２００１年の社長就任後、２００３年からの新興国ブームというツキもあってコマツの経営構造改革の成果に注目が集まりはじめるなか、「本を出しませんか」といった打診が何度かありましたが、まだまだ道半ばということで、すべてお断りしてきました。私は、オーナー経営者でも、カリスマ経営者でもありません。ただひたすら、コマツを「代を重ねるごとに強くなる会社」にしたくて、さまざまな取り組みを行ってきたのです。

しかし、２００６年の初めごろ、社長就任から丸6年を迎える２００７年6月での退任を決意するにあたって、出版の要請を受けることにしました。本書のなかでも述べましたが、社員が共有すべき価値観やそれを実現させるための仕組みを後に残すべく「コマツウェイ」のとりまとめを行うなかで、出版することの意味が見えてきたからです。これが、２００６年7月に初めて出版した『限りないダントツ経営への挑戦』（日科技連出版社）です。

そして、この本は、私にとって2冊目となります。

コマツでは、私の社長時代、会長と社長という二頭イメージを払拭するために、それぞれの役割をより明確なものにしました。社長がCEOを、会長は、取締役会の議長として社外役員とともにCEO以下をチェックする役割を担うというものです。このため、いざ会長になると、社内のことに割く時間も減り、余裕ができました。

高校の先輩でもある、ある経営者からは、「坂根君も、そろそろ人生の借方から、貸方にシフトする時期だね」と言われました。幸い講演依頼が増えてきたので、時間が許すかぎり、お受けするようにしてきました。気がつくと、会長になって3年半、ちょうど週1回のペースで、合計約200回の講演を続けてきたことになります。

そうしたなか、2010年、日本経済新聞出版社より出版の打診がありました。少し躊躇しましたが、2008年のリーマンショックで世の中が大きく混乱するなか（実は、本質的なことは何も変わっていないのですが）、野路社長以下、現経営陣らの取り組みによってコマツがさらに強くなったことを実感していたので、もういちど「ダントツ経営」を整理し直してみようと決め、出版準備に入りました。

1冊目のときもそうでしたが、自分で自分を「ダントツ」と呼ぶことに批判があるのは承知しています。私が社長のころ、まだまだ未完成の「コムトラックス」を社外に公開しはじめたときも、「これでは、競合相手を刺激するだけですよ」という声がありました。

しかし、それは違います。ダントツ経営もコムトラックスも、永遠に完成することはないでしょう。それよりもむしろ、いかにしてそれらを世間の評価に恥じないものにしていくか、そうした取り組みこそが、われわれをさらに進歩させる原動力となるはずです。野路社長も私も常に「驕る者、久しからず」を合い言葉に、「一歩一歩、ダントツのレベルアップを目指していこう」と社員に言っています。

今回も、一冊の本をまとめあげることの苦労を思い知らされました。日本経済新聞社の西條都夫氏と日本経済新聞出版社の伊藤公一氏には本当にお世話になりました。この本では、これまで私がやってきたことや、抱いてきた思いを、すべて表現できたように思います。本を書くというプロセスを通じて、私自身の頭のなかも格段に整理することができました。

コマツグループの人たちにとっては、普段、野路社長や私が言っていることへの理解をさらに深め、「代を重ねるごとに強くなる会社」を将来にわたって築き上げていくための基盤となるよう、社内のノウハウに類する部分に至るまで丁寧に記述したつもりです。

また、読者の皆さんにとっても、会社や職場、そして日本を強くするためにはどんなことから始めなければならないか、その一例としてコマツの取り組みをわかりやすくお伝えできたのではないかと思っています。私の経験がそうしたお役に立てたなら、このうえない喜びです。

2011年3月

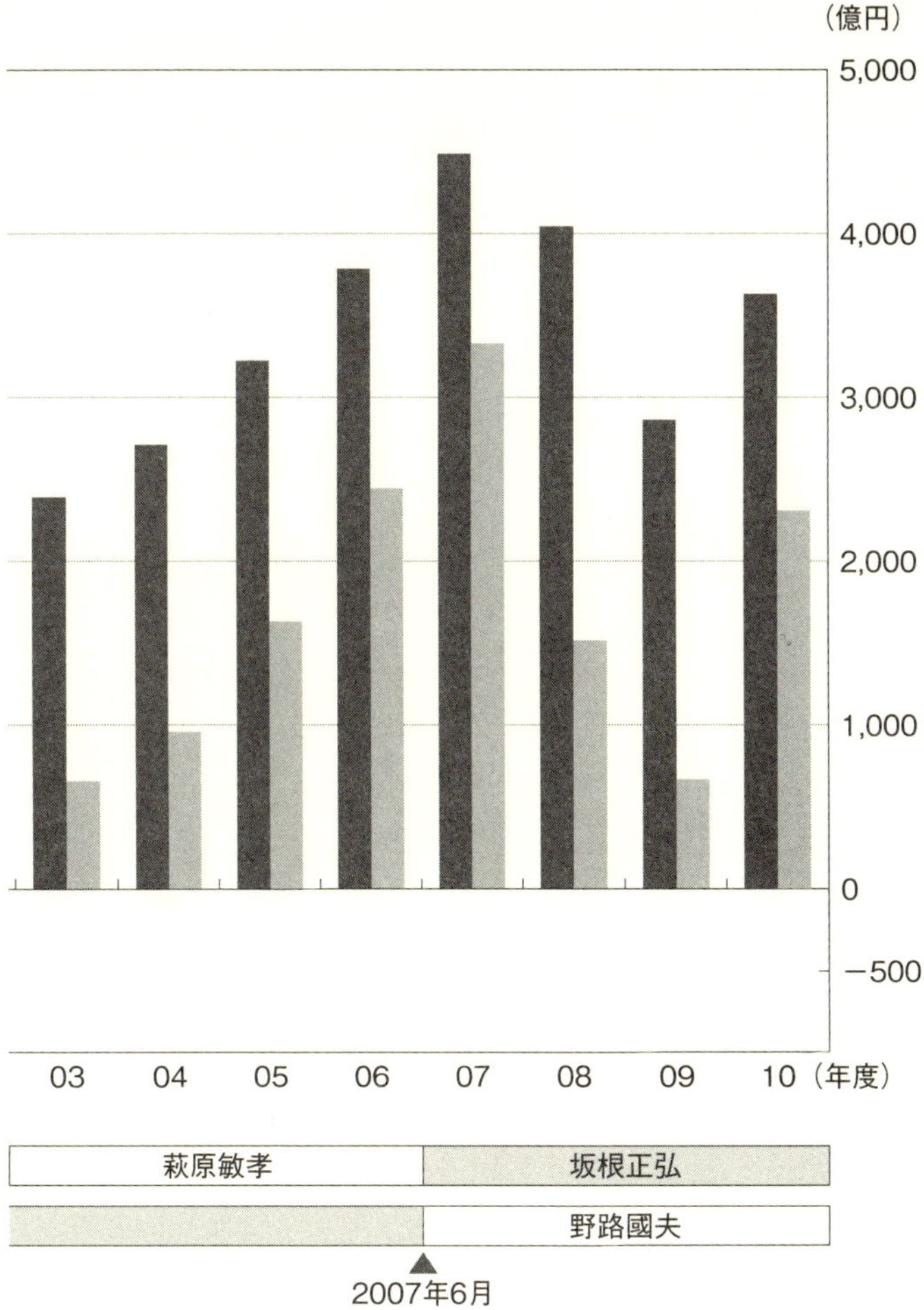

（億円）
5,000
4,000
3,000
2,000
1,000
0
−500
03
04
05
06
07
08
09
10（年度）
萩原敏孝
坂根正弘
野路國夫
2007年6月

コマツの連結売上高・営業利益推移

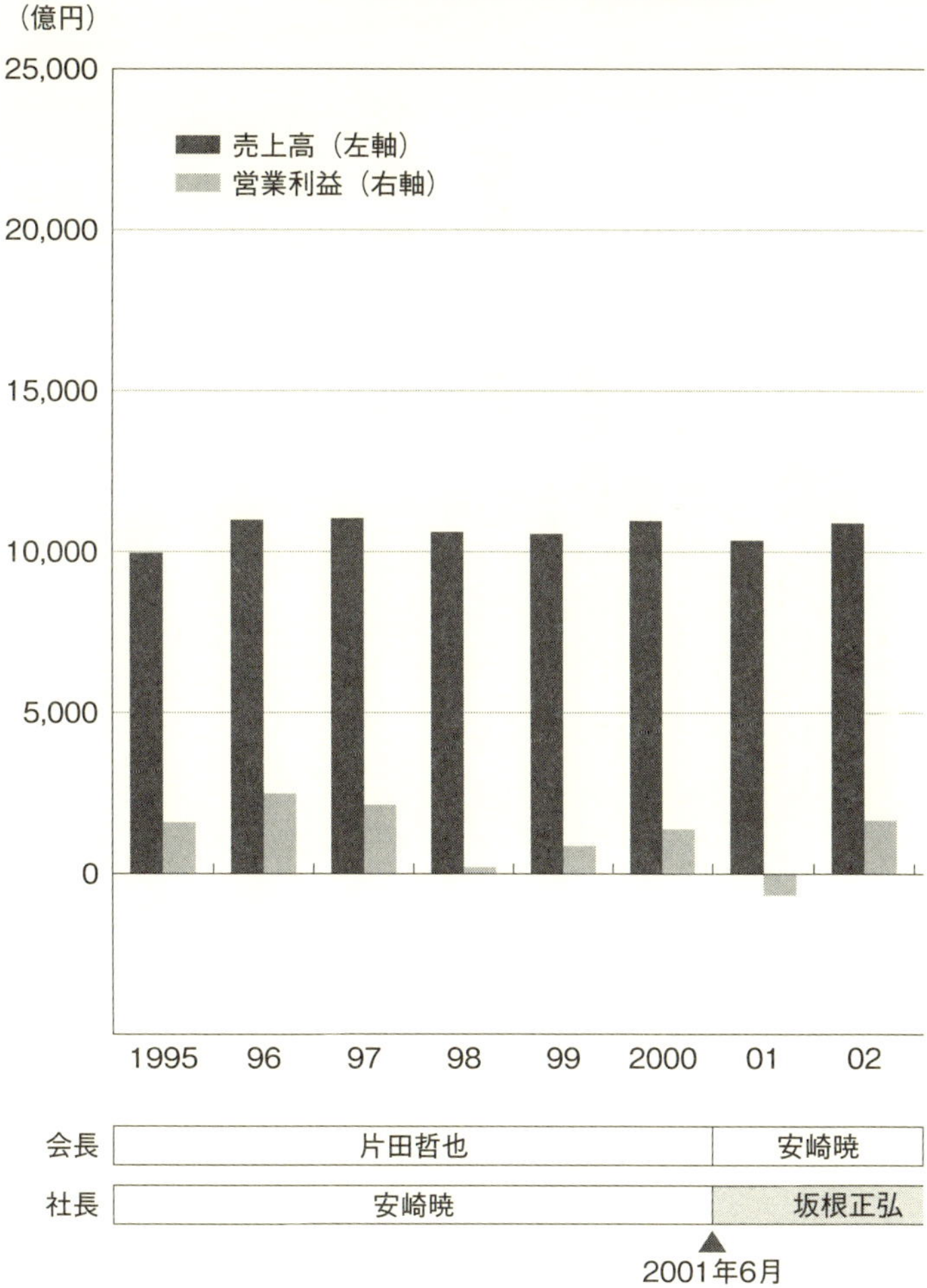

（注）2010年度は予想値。

■著者紹介

坂根 正弘（さかね・まさひろ）

コマツ（株式会社小松製作所）取締役会長、日本経済団体連合会副会長。

1941年生まれ。島根県出身。63年大阪市立大学工学部卒業後、コマツに入社し、粟津・大阪工場でブルドーザーの設計を行う。71年品質管理課、81年小松アメリカ・サービス部等の勤務を経て89年取締役。91年小松ドレッサーカンパニー（現コマツアメリカ）社長、94年常務取締役、97年専務取締役、99年代表取締役副社長、2001年代表取締役社長就任。就任直後、創業以来初の赤字に直面するが、構造改革を断行し、翌期にはV字回復を達成。中国や東南アジア、アフリカなど新興国にグローバル展開を進める。07年より代表取締役会長、10年より現職。

08年デミング賞本賞を受賞。著書に『限りないダントツ経営への挑戦』（日科技連出版社、2006年）。

ダントツ経営

2011年4月 8日　1版1刷

著　者　坂　根　正　弘

発行者　斎　田　久　夫

発行所　日本経済新聞出版社
http://www.nikkeibook.com/
東京都千代田区大手町 1-3-7　〒100-8066
電話　03-3270-0251（代）

印刷　三松堂／製本　大口製本印刷
ISBN978-4-532-31685-3　Printed in Japan

日本経済新聞出版社の好評既刊書

俺は、中小企業のおやじ
鈴木 修

数々の苦境を乗り越え、いままた世界自動車不況に敢然と立ち向かう。徹底して現場にこだわる強いリーダーシップで、社長就任時に売上高3232億円だったスズキを3兆円企業にまで育て上げた鈴木修氏、初の著作。
●1700円

毎日が自分との戦い
私の実践経営論
金川 千尋

12期連続最高益更新、3年連続2桁成長を達成した信越化学工業。卓越した相場観と少数精鋭のスピード経営を武器に「自分流の経営」で戦い抜いてきた金川千尋社長の「私の履歴書」を大幅加筆し単行本化する。
●1600円

超精密マシンに挑む
ステッパー開発物語
吉田 庄一郎

技術の空白を埋めなければ、将来に禍根を残す！ものづくりの原点・マザーマシンの開発に挑み、ひとつの産業をつくり上げた男――「ステッパーの生みの親」が語る、日本の製造業と浮沈をともにした激動の半生。
●1600円

アメーバ経営
ひとりひとりの社員が主役
稲盛 和夫

小集団による部門別採算、自由度の高い組織、時間当り採算表、リーダーが育つ仕組み――47年にわたる実践のなかで築き上げた「独創的・経営管理手法」のすべてを、いま初めて語る。ベストセラー『稲盛和夫の実学』の実践編！●1500円

挑戦 我がロマン
私の履歴書
鈴木 敏文

セブン-イレブンの創業、共同配送やPOSによる単品管理、イトーヨーカ堂の業革――流通業界の常識や慣例を打破し続け、新興スーパーを日本一の巨大流通グループに育て上げた稀代の経営者が、その改革のドラマを語る。●1600円

●価格はすべて税別です